机床专用夹具设计及应用

主 编 吴虎城

苏州大学出版社

图书在版编目(CIP)数据

机床专用夹具设计及应用/吴虎城主编. —苏州：
苏州大学出版社,2022.11
ISBN 978-7-5672-4097-1

Ⅰ.①机… Ⅱ.①吴… Ⅲ.①机床夹具-设计 Ⅳ.
①TG750.2

中国版本图书馆 CIP 数据核字(2022)第 217462 号

书　　名：	机床专用夹具设计及应用
主　　编：	吴虎城
责任编辑：	周建兰
装帧设计：	吴　钰
出版发行：	苏州大学出版社(Soochow University Press)
出 版 人：	盛惠良
社　　址：	苏州市十梓街1号　邮编：215006
印　　装：	苏州市深广印刷有限公司
网　　址：	www.sudapress.com
邮　　箱：	sdcbs@suda.edu.cn
邮购热线：	0512-67480030
开　　本：	787 mm×1 092 mm　1/16　印张：16.5　字数：362 千
版　　次：	2022 年 11 月第 1 版
印　　次：	2022 年 11 月第 1 次印刷
书　　号：	ISBN 978-7-5672-4097-1
定　　价：	49.00 元

凡购本社图书发现印装错误,请与本社联系调换。
服务热线：0512-67481020

PREFACE / 前言

　　装备制造业作为工业大国的基础，关系到国民经济的健康发展，《中华人民共和国国民经济与社会发展第十二个五年规划纲要》明确提出振兴装备制造业，提升工业制造能力。当前我国正处在从"制造大国"向"制造强国"转变的关键时期，必然对机械制造技术水平有着更高的要求。机床、夹具、刀具等作为机械加工工艺系统的重要组成部分，是衡量装备制造业先进水平的重要标志。夹具在机械加工中起到连接机床、刀具和工件的作用，其性能影响着产品的生产效率、加工质量。尤其对于批量定制产品，专用夹具在提高生产效率、节省时间成本等方面有着不可替代的作用。

　　机床夹具设计课程作为机械类专业的一门专项能力课程，主要研究的是机床夹具设计的基本理论、基本方法及基本应用，兼有理论性与实践性的特点。本书以职业岗位能力为依据，以典型零件加工为载体，采用学习情境、项目实施等形式编写。本书突出工作过程的实施，重点培养学生在机床夹具设计过程中能够应用标准、规范、查阅技术资料，进行分析、计算，利用计算机进行绘图等综合能力。考虑到职业院校学生的认知规律及后续岗位的能力要求，书中夹具模型丰富，所选项目设计案例操作性较强。

　　本教材提供了相关知识点素材，读者可以通过扫描书中二维码来阅读这些内容。

　　本教材包括专用夹具的认识、工件的定位、工件的夹紧、专用夹具的设计方法、车床夹具的设计、铣床夹具的设计、钻床夹具的设计及其他机床夹具共八章，既包含一般的理论介绍，也包含专用夹具项目设计，充分体现了高等职业教育对高技能型人才的培养要求。

　　本教材由江苏建筑职业技术学院、徐州工程机械集团研究院合作编写，由吴虎城担任主编，由杨恩担任副主编，刘洁、程琼、戴珊珊、黄继战、安淑女参加编写，江苏省徐州技师学院陈琛担任主审。

　　限于编者水平，书中难免存在错误和疏漏之处，敬请各位读者、同人批评指正。

编　者
2022 年 9 月 10 日

目錄

Contents / 目录

1 **专用夹具的认识** / 1
  1.1 夹具概论 / 2
  1.2 专用夹具的组成 / 6
  1.3 专用夹具的作用 / 8
  1.4 专用夹具的制造与使用 / 9
  1.5 现代夹具的发展趋势 / 11

2 **工件的定位** / 13
  2.1 工件的定位原理 / 13
  2.2 定位方法与定位元件的选取 / 22
  2.3 定位误差的分析与计算 / 46
  2.4 定位装置的设计 / 60

3 **工件的夹紧** / 76
  3.1 夹紧装置的组成 / 76
  3.2 典型夹紧机构 / 83
  3.3 夹紧装置的设计 / 101

4 **专用夹具的设计方法** / 111
  4.1 专用夹具的设计步骤 / 111
  4.2 分度装置的设计 / 113
  4.3 夹具体的设计 / 117
  4.4 夹具设计的注意点 / 122
  4.5 夹具总图和零件图的绘制 / 124
  4.6 夹具零件材料的选择 / 133

5 **车床夹具的设计** / 135
  5.1 车床夹具介绍 / 135
  5.2 车床夹具设计要求 / 140

5.3 车床夹具项目设计 / 144

6 铣床夹具的设计 / 159
 6.1 铣床夹具介绍 / 159
 6.2 铣床夹具设计要求 / 163
 6.3 铣床夹具项目设计 / 173

7 钻床夹具的设计 / 191
 7.1 钻床夹具介绍 / 191
 7.2 钻床夹具设计要求 / 196
 7.3 钻床夹具项目设计 / 206

8 其他机床夹具 / 223
 8.1 可调夹具 / 224
 8.2 组合夹具 / 229
 8.3 随行夹具 / 236
 8.4 数控机床夹具 / 236

附 录 / 239

参考文献 / 258

1 专用夹具的认识

问题导入

对于如图 1-1 所示的拨叉零件,生产工序主要有毛坯铸造、热处理、车削 $\phi 24^{+0.021}_{0}$ mm 孔及端面、铣削叉口 $12^{0}_{-0.08}$ mm 两端面等。现对铣削叉口 $12^{0}_{-0.08}$ mm 两端面工序选取工件的装夹方法,生产模式为中批量生产。试问:能否采用通用夹具装夹?如果不能,应该采取什么样的夹具?

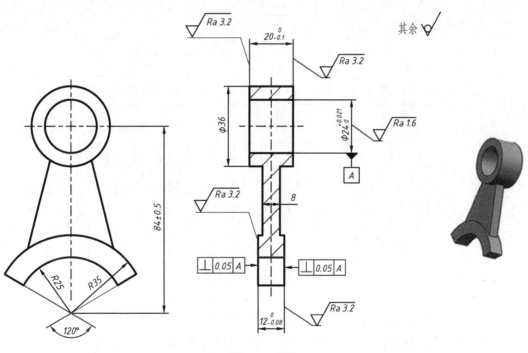

图 1-1 拨叉

1.1 夹具概论

夹具作为现代制造系统的重要组成部分,在机械制造业的发展过程中发挥了巨大的作用。广义上的"夹具"不仅用于机械加工过程中保持工件与设备之间的相对位置,还用于其他工艺过程和生产过程中焊接、检测、装配等环节。我们称这些夹具分别为机床夹具、焊接夹具、检测夹具和装配夹具。狭义上的"夹具"专指机床夹具,它用于机床实施机械加工工艺过程,根据加工要求对工件进行装夹,即实现对工件的定位、夹紧,并保障加工过程中位置不变。

1.1.1 机床夹具的分类

机床夹具的种类繁多,应用方式也各不相同。图1-2所示为常见机床夹具的分类。

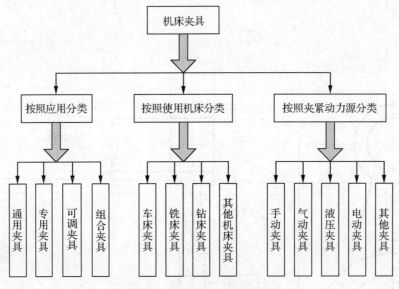

图1-2 常见机床夹具的分类

1. 通用夹具

通用夹具是指结构尺寸已经标准化,可在一定工艺范围内加工不同工件的夹具。例如,三爪定心卡盘、四爪单动卡盘、机动虎钳、回转工作台等(图1-3)。通用夹具的工艺范围较广,可以加工较多种类的工件,一般作为机床的附件使用,可以充分发挥机床的技术性能,扩大机床的工艺范围。

(a) 三爪定心卡盘　　　(b) 四爪单动卡盘　　　(c) 机动虎钳

(d) 回转工作台　　　(e) 万能分度头　　　(f) 磁场力工作台

图 1-3　通用夹具

2. 专用夹具

专用夹具是指专门针对某道工序设计制造的夹具，用于批量生产。它能够提高工件的装夹效率，保证工件的加工精度（图 1-4）。

 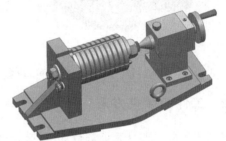

(a) 车床夹具　　　　　　　(b) 铣床夹具

图 1-4　专用夹具

3. 可调夹具

可调夹具包括通用可调夹具和成组夹具，由通用部件与可调、更换部件组成，通过对可调、更换部件的调整或者更换，可以适应不同零件的加工。采用这类夹具可以大幅度降低夹具的数量，节省夹具设计及制造费用，减少企业生产成本，缩短产品生产周期，实现机床夹具标准化、系列化和通用化。图 1-5 所示为成组车床夹具，用于车削一组阀片的外圆。多件阀片以内孔和端面为定位基准，在定位套 4 上定位，由气压传动拉杆经滑柱 5、压圈 6、快换垫圈 7 使工件夹紧。加工不同规格的阀片时，只需要更换定位套 4 即可。

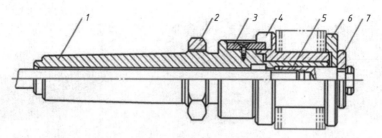

1—心轴体；2—六角螺母；3—键；4—定位套；5—滑柱；6—压圈；7—快换垫圈。

图 1-5 成组车床夹具

4. 组合夹具

组合夹具是由一套预先制好的各种不同形状、不同规格、不同尺寸、具有完全互换性和高耐磨性、高精度的标准元件及合件，按照工件的加工要求组装而成，能够实现工艺要求的夹具(图 1-6)。

（a）孔系组合夹具　　　　　　（b）槽系组合夹具

图 1-6 组合夹具

1.1.2 工件的装夹方法

工件在机床上采用夹具装夹进行加工，必须做到装好、夹牢。装好指的是工件在夹具上能够占据正确的位置；夹牢指的是工件的位置在切削力、离心力等外在因素的作用下仍然能够保持不变。前者称为工件的定位，后者称为工件的夹紧。工件的定位与工件的夹紧是工件装夹的先后过程，有时候是同时进行的。工件装夹时，定位和夹紧在工序图上的标注举例如图 1-7 所示，该长方体工件的铣槽加工工序选择工件的底面、侧面和后面定位，从顶面进行夹紧。

在机床上装夹工件一般采取两种方法，即找正装夹和不找正装夹，如图 1-8 所示。

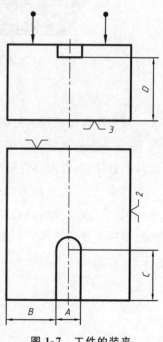

图 1-7 工件的装夹

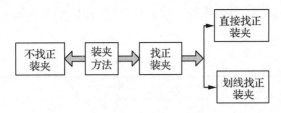

图 1-8 工件的装夹方法

采用直接找正装夹方法装夹工件时需要对工件进行目测或者利用划针、百分表等方法来确定工件的加工位置(图 1-9),因而找正时间较长,对工人的技能要求较高,加工效率较低。图 1-9 中,三爪卡盘初始以较小的力夹持工件,选择工件的 A 面作为找正面,通过百分表确定工件的回转中心线,最后夹紧夹牢。直接找正装夹方法一般适合轴套类等外形结构较为规则的工件,用于工件的单件、小批量生产。

不具有直接找正的平面,需要事先在工件上通过划针、百分表等量具划线再装夹的方法,称为划线找正装夹(图 1-10)。其初始划线时间较长,但夹持工件后的找正时间相对较短,对工人的技能要求较高,加工效率较低。这类装夹方法一般适用于单件、小批量生产或者大型结构件的加工。

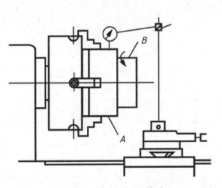

图 1-9 直接找正装夹

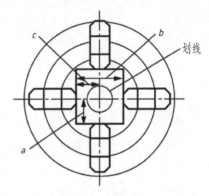

图 1-10 划线找正装夹

如果将工件直接装夹在夹具中,不需要任何找正即可确定加工位置,这种装夹方法称为不找正装夹。实际应用中,不找正装夹方法多选用专用夹具,利用专用夹具特有的结构特点能够迅速确定工件的位置并夹紧。本书后续内容如果不对夹具进行特别说明,一般特指专用夹具。

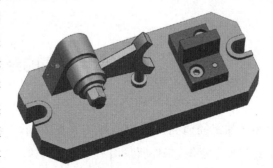

图 1-11 拨叉叉口铣削专用夹具

拨叉铣端面

前述问题中,对于图 1-1 所示的拨叉叉口铣削工序,若选取通用夹具装夹工件,费时费力,更不适合批量生产加工模式,故需要采取专用夹具装夹方法,具体装夹方法如图 1-11 所示。

铣削叉口 $12_{-0.08}^{0}$ 工序见表 1-1。

表 1-1 铣削叉口工序卡片

(工厂名)	机械加工工序卡片	产品型号		零件图号			
		产品名称		零件名称	拨叉	共 页	第 页
		车间	工序号	工序名称	材料牌号
			5	铣端面	HT150
		毛坯种类	毛坯外形尺寸	每毛坯可制件数	每台件数
		设备名称	设备型号	设备编号	同时加工件数
			X61		
		夹具编号	夹具名称		切削液
			铣夹具		
		工位器具编号	工位器具名称	工序工时/分	
				准终	单件

工步号	工步内容	刀具	主轴转速/(r/min)	进给量/(mm/min)	切削深度/mm	进给次数	工步工时	
							机动	辅助
1	铣削叉口 $12_{-0.08}^{0}$ mm 左端面	$\phi 80$ mm 盘刀	475	160	1~2	1~2		
2	铣削叉口 $12_{-0.08}^{0}$ mm 右端面	$\phi 80$ mm 盘刀	475	160	1~2	1~2		
			设计(日期)	校对(日期)	审核(日期)	标准化(日期)	会签(日期)	
标记	处数	更改文件号	签字	日期	标记	处数	更改文件号	签字	日期

1.2 专用夹具的组成

下面以钢套零件加工径向孔所采用的专用夹具为例,介绍专用夹具的组成与工作原理,图 1-12 为钢套装夹示意图,工件所采用的专用夹具如图 1-13 所示。

钢套零件以 $\phi 30_{0}^{+0.021}$ 内孔套在销轴 $\phi 30_{-0.020}^{-0.007}$ 的轴段上,钢套的左端面与销轴的台阶面相接触,钢套的右端面被开口垫圈压住,并被螺母锁紧。通过钻套引导刀具,将夹具安装在钻床工作台,这样钢套零件的加工位置就被确定并保持住。在这种装夹方式中,销轴的 $\phi 30_{-0.020}^{-0.007}$ 圆柱段与零件 $\phi 30_{0}^{+0.021}$ 内孔相接触,销轴的台阶面与零件的左端面相接触,两者配合限制了零件的相应运动,即零件被准确"定位"了,所以销轴属于定位元件。零件的右端被开口垫圈和螺母锁紧,避免在加工过程中加工位置被切削力、振动等因素破坏,故开口垫圈和螺母属于夹紧装置。钻套用于引导刀具,进而将零件、夹具、机床联系起来,属于导向元件(铣床夹具中与之对应的是对刀块,称为对刀元件)。上述定位元件、夹紧装置、导向元件等均支承在夹具体上。此外,还有连接元件(钻模板)等。

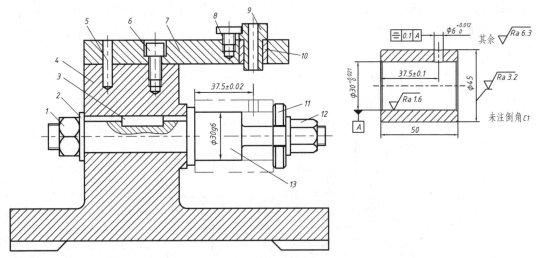

1—锁紧螺母;2—垫圈;3—键;4—夹具体;5—圆柱销;6—螺钉;7—钻模板;8—螺钉;9—钻套;
10—衬套;11—开口垫圈;12—带肩螺母;13—销轴。

图1-12 钢套装夹示意图

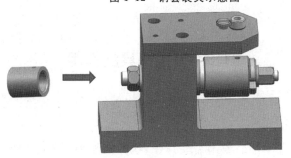

钢套钻孔

图1-13 用于工件钻孔的夹具

专用夹具的组成如图1-14所示。专用夹具一般都包括定位元件、夹紧装置和夹具体三大部分,也有些专用夹具还包括对刀元件、导向元件及分度装置等。

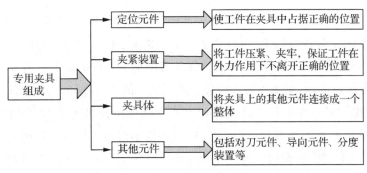

图1-14 专用夹具的组成

定位元件是确定工件在夹具中的正确位置的功能元件,定位元件一般经过精加工,其定位精度直接影响夹具的使用精度。图1-12中的销轴13属于定位元件。

夹紧装置将工件压紧、夹牢,确保工件在加工过程不离开正确的位置。图1-12中的开口垫圈11、带肩螺母12等属于夹紧装置。

对刀或者导向元件用于确定刀具与工件的加工表面之间的位置。图1-12中的钻套9属于导向元件,加工前需要通过它来确定刀具与加工表面的正确位置,并引导刀具进行加工。

夹具体是夹具的基础骨架,用于将夹具的各个元件连接在一起,构成一个整体,如图1-12中的序号4。

实际应用中,夹具和机床、刀具、工件这种相互作用、相互关联的关系组成机械加工工艺系统(图1-15)。该工艺系统中,工件在夹具中占据位置,夹具在机床上占据位置,通过刀具将工件、夹具及机床三者联系起来,共同完成加工任务。

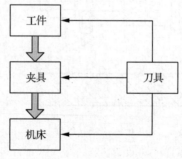

图1-15 机械加工工艺系统

1.3 专用夹具的作用

1. 提高生产效率

由于采用专用夹具装夹工件一般不需要找正,这样能够缩短加工辅助时间,降低生产成本。有时候一些专用夹具还能够实现多件同时加工,故加工效率得到有效提高,特别在批量生产中这种优势体现得更为明显。

2. 保证加工精度

专用夹具中定位元件一般经过精加工,而且定位元件之间的相对位置精度也较高,故采用专用夹具装夹工件进行加工,更容易获得较高的加工精度和尺寸精度稳定性。

图1-16所示是采用专用夹具保证工件铣削键槽加工精度的例子。传动轴的外圆柱面在"V"形块5支承定位,后面由挡销6定位。液压缸2的活塞杆伸出,顶起压板3压在工件的圆柱表面,夹紧工件。夹具体1通过定位键7与铣床工作台8的"T"形槽连接在一起。采用对刀块4联合厚度为S的塞尺对刀操作,找到键槽的加工位置。键槽的宽度8 mm由定尺寸铣刀保证,而键槽的轴向位置尺寸80 mm、深度24.6 mm、平行度及对称度等要求由

专用夹具保证。具体采取的措施有：

① 工件的后面 C 由挡销 6 定位，限制工件的轴向移动，确保键槽的位置尺寸为 80 mm。

② 对刀块的水平对刀面至"V"形块的轴线距离 $H=24.6-S$，通过厚度为 S 的塞尺对刀，确保键槽的深度为 24.6 mm。

③ "V"形块的轴线（与工件的轴线一致）与夹具的底面、定位键的侧面均平行，夹具以定位键与铣床工作台的"T"形槽相连接，而"T"形槽与进给方向一致，进而保证键槽的对称中心面相对工件的轴线的平行度公差不超过 0.1 mm。

④ 对刀块的竖直对刀面至"V"形块的轴线距离为 $\frac{B}{2}+S$（B 为铣刀宽度尺寸），通过厚度为 S 的塞尺对刀，确保键槽的对称中心面相对于工件的轴线的对称度公差不超过 0.2 mm。

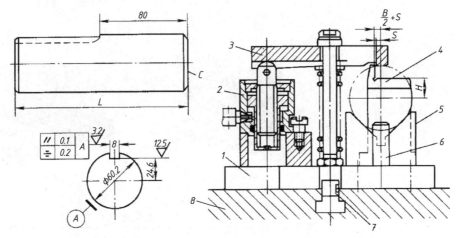

1—夹具体；2—液压缸；3—压板；4—对刀块；5—"V"形块；6—挡销；7—定位键；8—铣床工作台。

图 1-16　传动轴铣槽专用夹具

3．减轻工人的操作强度

专用夹具一般采用快速夹紧、机动夹紧等方式，这样可以较好地改善工人的劳动条件，减轻工人的操作强度。图 1-16 所示的例子采用液压夹紧方式，夹紧力可靠，可以较好地减轻工人的操作强度。

4．扩大机床加工范围

将一些夹具扩大使用范围，还能够获得更多的工艺可能性。例如，在车床上采用镗模夹具，就可以对箱体类零件进行镗孔加工，丰富了相应机床的工艺范围。

1.4　专用夹具的制造与使用

专用夹具的制造流程（图 1-17）与普通机械产品的制造流程相同，均需要遵循零件加工工艺规程和部件装配规程。工艺制定人员根据工件的加工要求,在编制工艺规程时针对某一道或某几道工序提出采用专用夹具的需求,撰写专用夹具设计任务书,列出设计理由、使用车间、使用设备及该道工序的工序图。设计人员接到设计任务后即可着手准备工作,确定结构方案,进行结构设计。生产企业根据设计和工艺等信息,进行组织制造、装配、检验,如果夹具精度没有问题,即可投入生产。

专用夹具的设计主要包括定位元件的设计、夹紧装置的设计、夹具体的设计等,其设计过程可以用图1-18所示的例子表示。

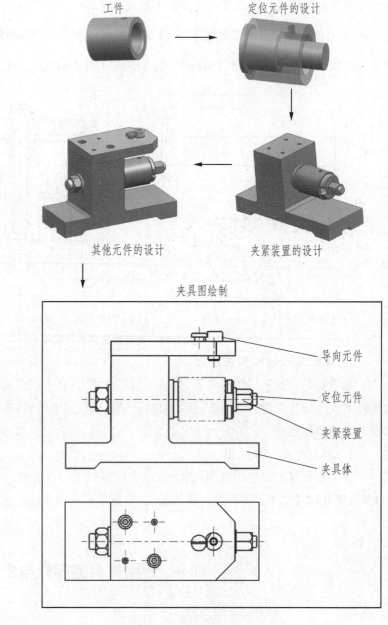

图1-17 夹具的制造流程

图1-18 夹具设计过程举例

生产企业在制造专用夹具时还要根据所要加工工件的生产规模、企业的工艺装备水平等因素进行专用夹具经济度分析，综合衡量专用夹具的生产成本，确定夹具的复杂程度等级，平衡夹具中自制件、采购件之间的占比关系。

1.5 现代夹具的发展趋势

随着企业生产模式的改变、机械制造工艺水平的提高，未来夹具的结构与设计会逐步向柔性化、自动化、精密化等方向发展。

1. 柔性化

早期可调夹具、成组夹具就是夹具柔性化发展的成果，它们只需要调整或更换个别元件，即可实现不同工艺的需求。随着生产模式的发展，特别是代工模式的扩大，夹具的柔性化会进一步得到彰显，具备模块化、高适应性特点的夹具将占据更大份额。采用模块化设计的系列化、标准化夹具元件能够快速组装成所需要的夹具，既节省人力、物力，也适应社会的发展需求。

2. 自动化

对生产成本的控制和生产环境的高要求，在特定生产领域，夹具将代替生产者的部分操作甚至全部操作。另外，随着传感检测技术的发展，更具智慧的元器件被应用于夹具中，使夹具变得越来越智能，夹具的感知力和判断力将为企业生产带来无尽的想象空间。在一些覆盖数控机床和加工中心的生产线上，工件的定位与夹紧整套过程将完全由夹具自动实现，不需要操作者的介入，这既提高了加工效率，也有利于减少意外事故的发生。

3. 精密化

随着机械产品精度要求的不断提高，夹具的精度也相应地得到提高。一些采用精密结构元件的夹具，如用于精密分度的多齿盘，其分度精度能够达到±0.1″；用于精密车削的高精度自定心卡盘，其定心精度为 5 μm。

4. 采用计算机辅助夹具设计(CAFD)

现有夹具的结构设计和普通机械产品设计类似，技术人员可以根据常用做法进行夹具设计。随着夹具复杂程度的提高和夹具种类的多样化，夹具的元件装配关系、相关标准件规格等夹具设计过程可以实现图形化、软件化，这种计算机辅助夹具设计(CAFD)系统将能够较好地减轻夹具设计的工作量。

 练 习

1. 专用夹具与通用夹具的不同之处在哪里？专用夹具的应用范围有哪些？
2. 机床专用夹具由哪些部分组成？各个部分起到什么样的作用？

3. 机床专用夹具在机械加工中的作用有哪些？

4. 试说明图 1-19 中标示的各个元件在夹具中的作用。

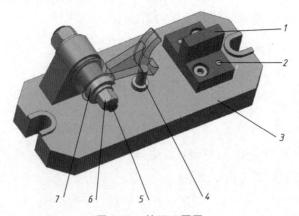

图 1-19　练习 4 题图

2 工件的定位

对如图 2-1 所示的长方体工件铣槽时，需要采取怎样的措施来确保工件的加工位置？

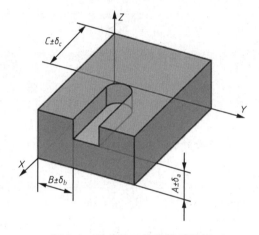

图 2-1 长方体工件铣槽示意图

 2.1 工件的定位原理

实现加工要求的前提是确保工件能够做到正确地装夹，即首先需要工件在机床上占有正确的位置，并在加工过程中保证该位置不受切削力等外在因素的影响。在实际加工过程中，前者称为工件的定位，后者称为工件的夹紧。工件的定位过程和工件的夹紧过程可能是先后完成的，也可能是同时进行的。

2.1.1 六点定位原理

若把工件认为是一个自由刚体，在被定位前，其空间位置是不确定的，建立如图 2-2 所示的空间直角坐标系，则工件有沿着 X、Y、Z 三个坐标轴移动的可能性和绕着 X、Y、Z 三个坐标轴转动的可能性,即共有 $\vec{X}$、$\vec{Y}$、$\vec{Z}$、$\vec{X}$、$\vec{Y}$、$\vec{Z}$ 六个自由度,如表 2-1 所示。

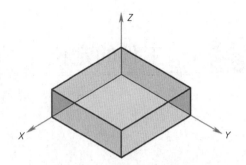

图 2-2 工件在空间中的位置

表 2-1 工件空间位置的自由度

名称	符号	含义	图例
移动自由度	$\vec{X}$	工件沿 X 轴移动的自由度	
	$\vec{Y}$	工件沿 Y 轴移动的自由度	
	$\vec{Z}$	工件沿 Z 轴移动的自由度	
转动自由度	$\vec{X}$	工件绕 X 轴转动的自由度	
	$\vec{Y}$	工件绕 Y 轴转动的自由度	
	$\vec{Z}$	工件绕 Z 轴转动的自由度	

工件可以运动的自由度数目越少,则其空间位置的确定性越好。当工件的六个自由度都被限制时,其位置具有唯一性。假设采用一个支承点约束一个自由度,如果想要工件的位置是确定唯一的,则需要选取六个合理布置的支承点来约束工件,此即为工件的六点定位原理或六点定位法则。

1. 箱体类零件的定位

箱体类零件具有类似六面体的外形轮廓,拥有相对完整的平面区域。如图 2-3 所示,分别在某一箱体类工件的底面、侧面、后面布置三个支承点、两个支承点和一个支承点来进行工件自由度的约束限制。与支承点接触的工件相应表面被称为定位基面,即工件的底面、侧面和后面均作为定位基面。

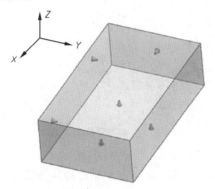

六点定位——箱体类零件

图 2-3 箱体类零件的六点定位

此时,工件底面布置的三个支承点限制工件的 $\vec{Z}$、$\vec{X}$、$\vec{Y}$ 三个自由度;工件侧面布置的两个支承点限制工件的 $\vec{Y}$、$\vec{Z}$ 两个自由度;工件后面布置的一个支承点限制工件 $\vec{X}$ 一个自由度。也就是说,工件的六个自由度都被限制了,故工件的加工位置是确定、唯一的。

对于工件底面布置的三个支承点来说,其构成的三角形区域越大,则支承点对工作的约束性越好,即定位稳定性越好。图 2-4(a)中三个支承点构成的三角形区域面积大于图 2-4(b)中三个支承点构成的三角形区域面积,则图 2-4(a)支承方案的稳定性优于图 2-4(b)。同理,工件侧面布置的两个支承点的距离越大,且两个支承点的连线与 Z 轴不平行,则限制工件绕着 Z 轴转动的能力越强。一般地,我们把限制工件较多自由度的定位基面称为主要定位基面,限制工件较少自由度的定位基面称为次要定位基面。在箱体类工件定位这个例子中,很明显工件的底面是主要定位基面,工件的后面和侧面是次要定位基面。

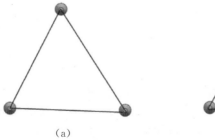

(a)　　　　　　　　(b)

图 2-4 支承点构成区域示意图

2. 盘盖类零件的定位

盘盖类零件的径向尺寸较大,具有较大的端部幅面,故一般选取端面作为主要定位基面,布置三个支承点(由支承钉或者支承板实现),限制零件的 $\vec{Z}$、$\vec{X}$、$\vec{Y}$ 三个自由度,如图 2-5 所示。在外圆柱面上径向布置两个支承点(由定位元件的短孔实现),限制 $\vec{X}$、$\vec{Y}$ 两个自由度。另外,利用零件的孔或者槽,在里面布置一个支承点(由防转销实现),限制零件的 $\vec{Z}$ 一个自由度。这样工件的六个自由度均被约束,即工件的加工位置是确定的。

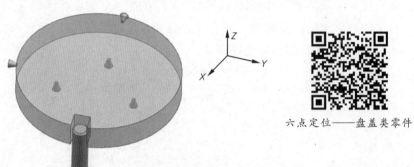

六点定位——盘盖类零件

图 2-5 盘盖类零件的六点定位

3. 轴类零件的定位

对于带有孔或者槽的轴类零件,六点定位原理应用如图 2-6 所示。轴类零件的外圆柱面一般作为主要定位基面,可以布置四个支承点(定位元件一般是"V"形块),限制零件的 $\vec{X}$、$\vec{Z}$、$\vec{X}$、$\vec{Z}$ 四个自由度。在零件的后面布置一个支承点(由挡销实现),限制零件的 $\vec{Y}$ 一个自由度。在轴的孔或者槽布置一个支承点(由防转销实现),限制零件的 $\vec{Y}$ 一个自由度。这样工件的六个自由度均被约束,即工件的加工位置是确定的。

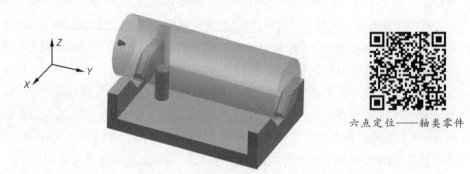

六点定位——轴类零件

图 2-6 轴类零件的六点定位

> **注 意**

(1) 工件定位的实质就是限制其相应自由度,六点定位原理就是工件定位的基本法则。选取支承点来限制工件相应的自由度,只是为了方便分析工件的定位情况。实际应用中,不可能采用支承点来限制工件,而是采用定位元件来约束工件,这样在分析工件定位情况时就可以将定位元件抽象成相应的定位支承点。

(2) 工件的定位是通过支承点与工件的定位基面相接触来实现的,如果支承点与定位基面不接触,是脱开的,则不能称为工件的定位,即工件的定位是不考虑支承点与定位基面脱开接触的情况。实际应用中,工件被定位后还需要夹紧,往往就是为了避免定位后再脱开这种情况。

(3) 工件的结构形状各不相同,所以定位形式也并不唯一。设计工件定位的时候应该根据工件的结构特点、工序要求等因素综合考虑,最终确定较佳的定位方式。上述三种典型零件六点定位形式只是最基本的例子,其他定位形式一般在其基础上进行演变、转化,即可满足工件定位的要求。

2.1.2 工件的定位形式

在工件实际加工过程中并不是六个自由度都需要被限制。限制工件自由度的数量越多,往往意味着定位元件的设计越复杂。如果限制工件自由度数量少于六个也能满足加工要求,这在实际加工中是被允许的。

限制工件自由度的数量取决于工件的结构形状和加工要求。根据工件在定位中可能出现的情况,工件的定位形式分为四种:完全定位、不完全定位、欠定位和过定位。

1. 完全定位

工件的六个自由度都被限制,这种定位形式称为完全定位。完全定位形式适用于加工要求较复杂的情形。如果工件在三个坐标轴方向上都有尺寸或位置要求,一般需要对工件进行完全定位。

对如图 2-1 所示的工件进行铣槽加工时,由于该槽在 X、Y、Z 三个坐标轴方向上都有尺寸、位置要求,需要考虑采取完全定位形式。工件属于箱体类零件,故可在工件的底面布置三个支承点,限制其 $\vec{Z}$、$\vec{X}$、$\vec{Y}$ 三个自由度;在工件的侧面布置两个支承点,限制 $\vec{Y}$、$\vec{Z}$ 两个自由度;在工件的后面布置一个支承点,限制 $\vec{X}$ 一个自由度,定位示意图如图 2-7 所示。

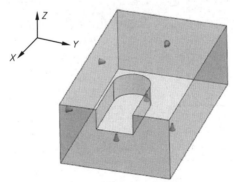

图 2-7 工件定位示意图

2. 不完全定位

限制自由度的数量如果少于六个也能满足加工要求,这种定位形式称为不完全定位。对如图 2-8 所示的长方体工件铣通槽,要满足槽的深度要求,需要限制工件的 $\vec{Z}$ 一个自由度;要满足槽的底面与工件底面的平行度要求,需要限制工件的 $\vec{X}$、$\vec{Y}$ 两个自由度;要满足槽的侧面距离要求,需要限制工件的 $\vec{Y}$ 一个自由度;要满足槽的侧面与工件侧面的平行度要求,需要限制工件的 $\hat{X}$、$\hat{Z}$ 两个自由度。综上所述,除了工件的 $\vec{X}$ 一个自由度不需要被限制外,其他五个自由度都需要被限制。

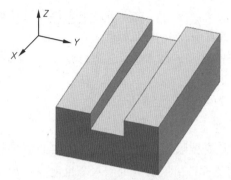

图 2-8　长方体工件铣通槽

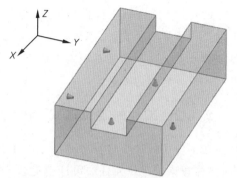

图 2-9　长方体工件铣槽定位示意图

如图 2-9 所示,在工件底面布置的三个支承点限制工件的 $\vec{Z}$、$\hat{X}$、$\hat{Y}$ 三个自由度;在工件侧面布置的两个支承点限制工件的 $\vec{Y}$、$\hat{Z}$ 两个自由度。此例中,没有对工件进行完全定位也能实现加工要求。

如图 2-10 所示,回转体工件车削外圆或者通孔,采用卡爪装夹,工件被限制 $\vec{X}$、$\vec{Z}$、$\hat{X}$、$\hat{Z}$ 四个自由度即能满足加工要求。

允许不完全定位的几种情况:

① 加工通槽或者通孔时,可以不限制沿贯通轴的移动自由度。

② 加工贯通的平面时,除了沿贯通轴的两个移动自由度可以不被限制外,绕着垂直加工面的轴的转动自由度也可以不被限制,如图 2-11 所示,该长方体工件铣削顶面,只需要在工件的底面布置三个支承点,限制工件的 $\vec{Z}$、$\hat{X}$、$\hat{Y}$ 三个自由度。

③ 加工回转体工件(例如轴类)的外圆和内孔,绕着回转轴的转动自由度可以不被限制。

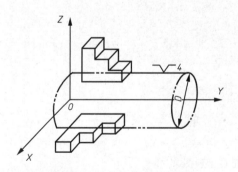

图 2-10　车削外圆定位示意图

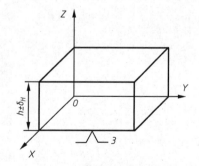

图 2-11　铣削贯通顶面定位示意图

为了提高工件定位的刚度,便于定位的设计,在工件加工过程中,实际限制自由度的数量一般大于理论限制自由度的数量,这也是工件大多采用完全定位的原因。

常见的几种工件加工形式应限制自由度的情况见表 2-2。

表 2-2 常见的工件加工形式应限制自由度的情况

工件简图	加工内容	应限制的自由度
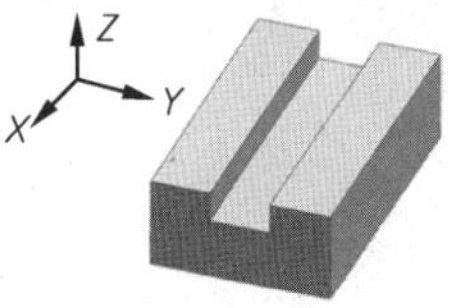	槽	$\vec{X}$、$\vec{Y}$、$\hat{Y}$、$\vec{Z}$、$\hat{Z}$
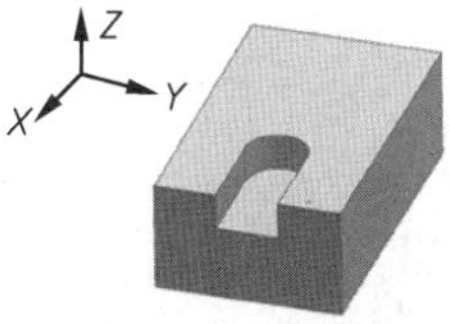	槽	$\vec{X}$、$\hat{X}$、$\vec{Y}$、$\hat{Y}$、$\vec{Z}$、$\hat{Z}$
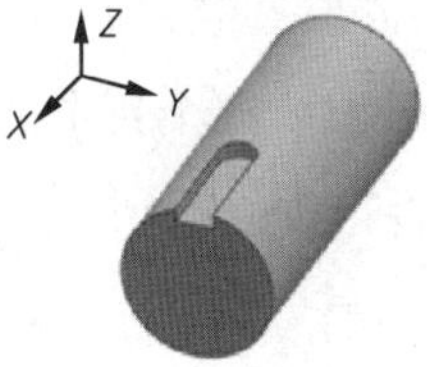	槽	$\vec{X}$、$\vec{Y}$、$\hat{Y}$、$\vec{Z}$、$\hat{Z}$
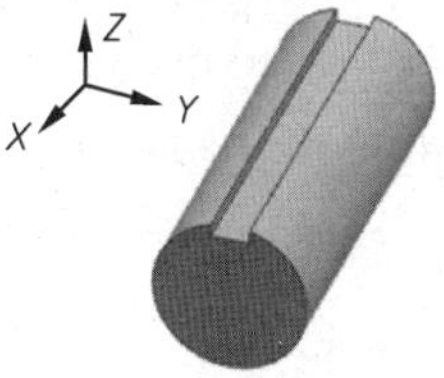	槽	$\vec{Y}$、$\hat{Y}$、$\vec{Z}$、$\hat{Z}$
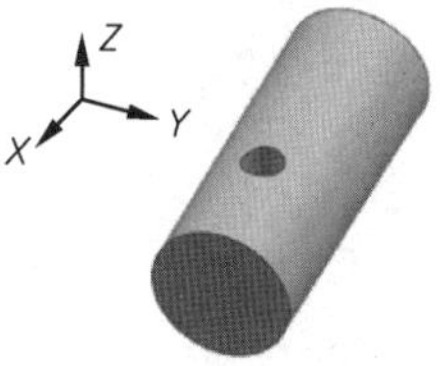	通孔	$\vec{X}$、$\vec{Y}$、$\hat{Y}$、$\hat{Z}$
	盲孔	$\vec{X}$、$\vec{Y}$、$\hat{Y}$、$\vec{Z}$、$\hat{Z}$
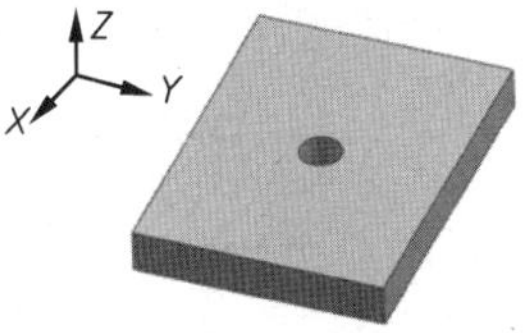	通孔	$\vec{X}$、$\hat{X}$、$\vec{Y}$、$\hat{Y}$、$\vec{Z}$
	盲孔	$\vec{X}$、$\hat{X}$、$\vec{Y}$、$\hat{Y}$、$\vec{Z}$、$\hat{Z}$

3. 欠定位

欠定位是指应该对工件某一个或某几个自由度进行限制却没有限制的定位形式。很明显,欠定位不能满足加工要求,在实际定位设计时应该予以避免。对于如图 2-1 所示的工件,如果沿着 X 轴的移动自由度不消除,则采取如图 2-12 所示的定位形式不能满足尺寸 $C\pm\delta_C$ 的加工要求。

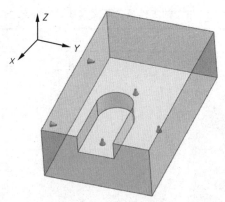

图 2-12 欠定位示意图

4. 过定位

过定位也称为重复定位,即工件的某一个或多个自由度被重复限制了,如图 2-13(a)所示。连杆的右孔布置长销 1 进行定位,其限制工件的 $\vec{X}$、$\overset{\curvearrowright}{X}$、$\vec{Y}$、$\overset{\curvearrowright}{Y}$ 四个自由度,而工件的底面布置平面支承板 2 进行定位,限制工件的 $\vec{Z}$、$\overset{\curvearrowright}{X}$、$\overset{\curvearrowright}{Y}$ 三个自由度,在这里 $\overset{\curvearrowright}{X}$、$\overset{\curvearrowright}{Y}$ 两个转动自由度均被长销 1 和平面支承板 2 限制了,属于过定位。

过定位一般会造成工件与定位元件安装时产生干涉现象,若强行安装,会造成工件或定位元件变形,严重情况下会出现不能安装的极端情况。图 2-13(b)中,若工件右孔的轴线与底面的垂直度加工精度不高,则会造成长销 1 装不进去孔的情况。所以,过定位形式一般不被允许,在实际应用时多出现在精加工中,可根据工件、定位元件尺寸精度情况进行具体分析,决定取舍。

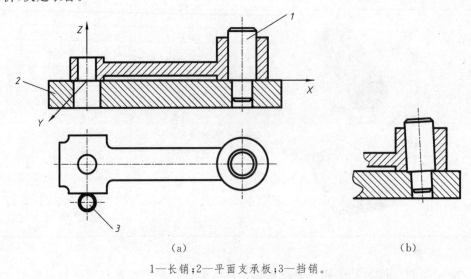

(a)　　　　　　　　　　　　(b)

1—长销;2—平面支承板;3—挡销。

图 2-13 连杆过定位示意图

如果想要消除过定位,可以采取的措施主要有:

① 改变定位元件的结构或者更换定位元件,消除产生过定位的来源。

例如,图 2-14(a)中采用大端面支承板与长销的组合定位,其中大端面支承板限制 $\vec{X}$、$\vec{Y}$、$\vec{Z}$ 三个自由度,长销限制 $\vec{Y}$、$\vec{Y}$、$\vec{Z}$、$\vec{Z}$ 四个自由度,所以工件的 $\vec{Y}$、$\vec{Z}$ 两个自由度被重复限制。若采用如图 2-14(b)所示的定位方案,将长销换成短销,而短销只限制两个自由度,则撤除了 $\vec{Y}$、$\vec{Z}$ 两个自由度被重复限制。若采用如图 2-14(c)所示的方案,将大端面支承板改成小端面支承板,同样可以撤除 $\vec{Y}$、$\vec{Z}$ 两个自由度被重复限制。

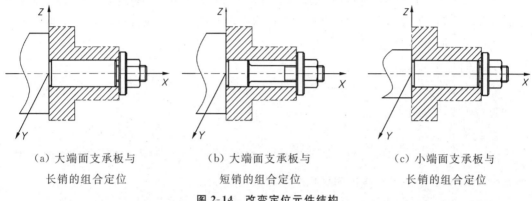

(a) 大端面支承板与　　　(b) 大端面支承板与　　　(c) 小端面支承板与
　　长销的组合定位　　　　　短销的组合定位　　　　　长销的组合定位

图 2-14　改变定位元件结构

又如,将图 2-15(a)中的固定顶尖改为图 2-15(b)中的活动顶尖,将可撤除过定位。

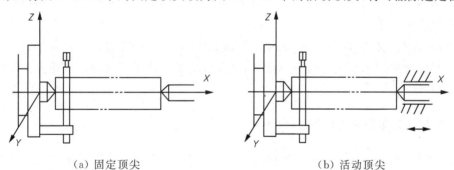

(a) 固定顶尖　　　　　　　　　(b) 活动顶尖

图 2-15　改变定位元件

② 提高工件或者定位元件的加工精度等。

例如,在图 2-13 中,提高连杆右孔与底面的垂直度精度,也可以避免产生干涉现象。

综上所述,需要根据加工要求来确定限制工件的自由度情况。具体设计定位方案时要严格避免出现欠定位;在能够满足工序加工要求的前提条件下,尽量减少限制自由度的数量。当然,限制工件自由度的数量减少也会造成工件定位稳定性较差,所以要根据具体情况进行取舍。一般情况下,保证一个方向上的加工尺寸,需要限制工件的 1~3 个自由度;保证两个方向上的加工尺寸,需要限制工件的 4~5 个自由度;保证三个方向上的加工尺寸,则需要限制工件的 6 个自由度。

2.2 定位方法与定位元件的选取

工件在夹具中的定位是通过定位元件来实现的。前面在介绍工件的定位原理时，引入定位支承点的概念，这些支承点实际上是由定位元件抽象而来的，即利用定位元件与工件的相应表面相接触来限制工件的运动可能性，从而确定工件在夹具中的位置。

工件的种类、结构各不相同，但形状无外乎由平面、圆柱面、圆锥面或其他成形表面等组成，所以可以根据工件的结构特点和加工要求选取相应表面作为定位基面。根据选取表面不同，工件的定位方法主要有：

① 工件以平面定位。
② 工件以内孔定位。
③ 工件以外圆定位。
④ 组合定位。

定位元件作为支承元件，与工件的接触时间较长，除了要求具有足够的定位精度、较高的表面粗糙度外，还要有一定的耐磨性和刚度。

定位元件常用的材料主要有低碳钢（如 20 钢或 20Cr）和高碳钢（如 T7、T8 等）。20 钢或 20Cr 表面需要进行渗碳处理，再淬火，硬度（HRC）达到 55～65；高碳钢需要淬火，硬度（HRC）达到 43～48。

定位元件在夹具中的布置，一方面要符合工件的定位原理，另一方面为了保证工件定位的稳定性，要使支承点的布置尽量敞开，让工件的受力作用点都落在支承点连线组成的平面内。

2.2.1 工件以平面定位

工件采用平面定位，可以选取工件的底面、端面等平面作为定位基准。根据定位元件所起的作用不同，可以将定位元件分为固定支承、可调支承、浮动支承和辅助支承，前三种支承是主要支承，在夹具中能够起到独立定位的作用。辅助支承不能作为独立定位元件使用，只起到辅助作用。

1. 固定支承

固定支承包括支承钉和支承板，支承面积较小的平面选择支承钉，支承面积较大的平面则选择支承板。

（1）支承钉

实际使用中可以选用标准支承钉（JB/T 8029.2—1999），其结构如图 2-16 所示，具体规格见附录 5。标准支承钉不能满足使用要求的，可以根据相关规格尺寸进行改进。

（a）平头支承钉　　　　（b）圆柱头支承钉　　　　（c）锯齿头支承钉

图 2-16　标准支承钉

图 2-16(a)所示为平头支承钉，它与工件定位基面接触面积大，不易磨损，故主要用于工件已加工表面的支承。图 2-16(b)所示为圆柱头支承钉，它与工件定位基面接触面积小，易磨损，故主要用于工件毛坯表面的支承。图 2-16(c)所示为锯齿头支承钉，主要用于要求较大摩擦力的工件侧面和顶面的支承。

应用支承钉来支承工件的平面时，需要将支承钉的非工作面端部压入夹具体（图 2-17），其与夹具体一般采用过盈配合（H7/r6）或过渡配合（H7/n6）。

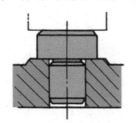 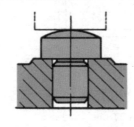 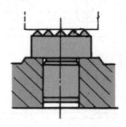

图 2-17　支承钉的安装

大批量生产时，支承钉磨损后为了方便更换，可以选用可换支承钉，如图 2-18 所示。可换支承钉 2 不直接与夹具体 3 配合，而是装入衬套 1，衬套 1 再压入夹具体 3。当支承钉有磨损时，直接更换即可。此时，支承钉与衬套采用间隙配合（H7/h6），衬套与夹具体多采用过渡配合（H7/n6）。

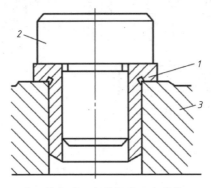

1—衬套；2—支承钉；3—夹具体。

图 2-18　可换支承钉的应用

（2）支承板

支承面积较大的已加工平面应采用支承板定位。标准支承板（JB/T 8029.1—1999）分为带斜槽和不带斜槽两种结构，如图 2-19 所示。

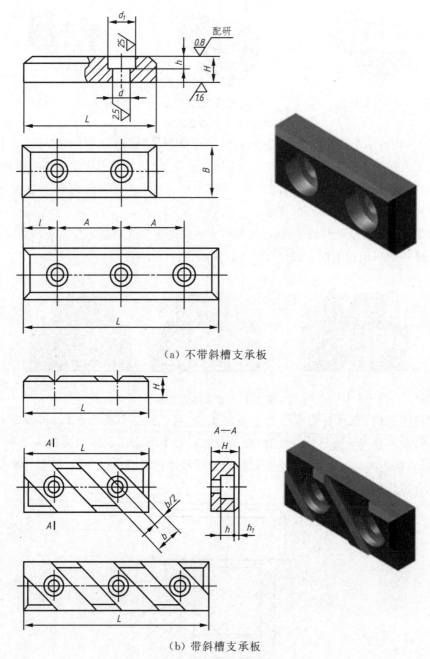

(a) 不带斜槽支承板

(b) 带斜槽支承板

图 2-19 支承板的结构

图 2-19(a)所示为不带斜槽支承板,不易清扫切屑,主要用于侧面支承定位。图 2-19(b)所示为带斜槽支承板,便于清扫切屑,适用于工件的底面定位,实际应用中多采用该种结构。支承板上的沉孔结构用于通过螺钉与夹具体固定,螺钉的头部应低于支承板支承基面 1~2 mm。一个窄长支承板相当于两个支承钉,限制工件的两个自由度,即一个移动自由度和一个转动自由度。

工件定位时也可以利用夹具体上的某个已加工表面代替支承板使用,还可以选用非标准支承板,如图 2-20 所示。

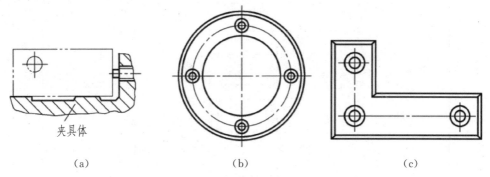

图 2-20 其他平面定位方法

采用支承钉、支承板进行定位,其定位情况见表 2-3。

表 2-3 采用支承钉与支承板进行定位的情况

定位元件	定位简图	限制的自由度
支承钉		$\vec{X}$
		$\vec{Y}、\vec{Z}$
		$\vec{Z}、\vec{X}、\vec{Y}$
支承板		$\vec{Y}、\vec{Z}$

续表

定位元件	定位简图	限制的自由度
支承板	(图)	$\vec{Z}、\vec{X}、\vec{Y}$
	(图)	$\vec{Z}、\vec{X}、\vec{Y}$

2. 可调支承

可调支承是指支承高度可以调节的定位支承。如图 2-21 所示,通过转动螺柱调节支承高度,采用螺母锁紧,保证调节位置不会发生变化。可调支承多用于毛坯面的支承定位,以调节和补充毛坯尺寸误差。

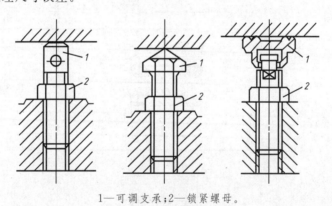

1—可调支承;2—锁紧螺母。

图 2-21 可调支承的安装

同一批工件在加工前使用可调支承调整位置后,就不再变动了,即可调支承只对一批工件调整一次,调整后相当于固定支承。

图 2-22 所示为几种常见结构的标准可调支承(JB/T 8026.1—1999、JB/T 8026.2—1999、JB/T 8026.3—1999、JB/T 8026.4—1999),具体规格见附录6。

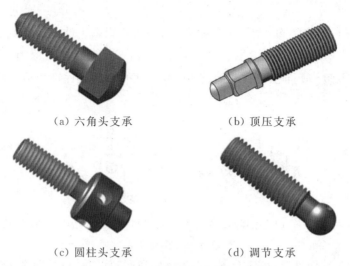

(a) 六角头支承 (b) 顶压支承

(c) 圆柱头支承 (d) 调节支承

图 2-22　标准可调支承

图 2-23 所示为采用可调支承加工铸件的例子。某砂型铸件需要先铣削平面 B，再以平面 B 为基准镗加工双孔。为了保证镗孔工序有足够和均匀的余量，最好先以毛坯孔为粗基准铣削平面 B。如果以毛坯孔为基准，则装夹不方便，故可以选用平面 A 为基准铣削平面 B。若平面 A 左右两侧都采用固定支承，有可能在铣削平面 B 后再镗孔时出现距离尺寸 H_2 不够的情况。这时候可以在左侧采取固定支承，右侧采取可调支承，先找到平面 B 的加工位置，再铣削加工。平面 B 加工完成后再镗孔，就可以避免尺寸 H_2 加工余量不够的情况。

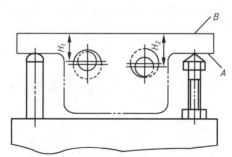

图 2-23　可调支承的应用

图 2-24 为采用可调支承加工形状相同而尺寸接近的一批工件的例子。

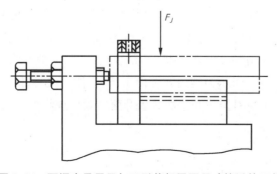

图 2-24　可调支承用于加工形状相同而尺寸接近的工件

3. 浮动支承

浮动支承又称为自位支承,在定位支承过程中可以根据工件定位基准的变化自动调整位置。如图 2-25 所示,浮动支承虽有多个支承点,由于浮动和自位原因,只相当于一个支承点,故一般只限制一个自由度。浮动支承适用于工件以毛坯面定位或支承部位刚性不足的场合。

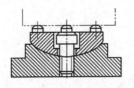
（a）球面副浮动结构
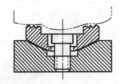
（b）锥面副浮动结构
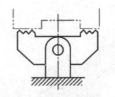
（c）摆动杠杆式浮动结构
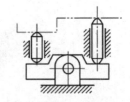
（d）摆动杠杆式浮动结构

图 2-25　浮动支承

图 2-25(a)为球面副浮动结构,图 2-25(b)为锥面副浮动结构,图 2-25(c)、(d)为摆动杠杆式浮动结构。由于浮动支承具有活动的特点,支承点的位置能够跟随工件定位基面的不同位置而自动调整。当定位基面压下浮动支承一点时,浮动支承其余点则上升,直至各点重新与工件接触,达到平衡状态。又因为采用多点接触,故支承刚度和稳定性都有所提高。

4. 辅助支承

辅助支承不起到独立定位作用,一般工件被定位后才参与进来,通过与工件相接触,来提高支承刚度和稳定性。

如图 2-26 所示,工件左上方悬伸,其结构特点对装夹稳定性要求较高。如果在工件底面左侧和右侧同时设置固定支承定位,可能会出现过定位的情况。这时候可将工件左侧的独立支承定位改成辅助支承,这样既不会过定位,又能保持住支承刚度以承受切削力。

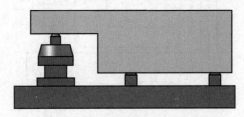

图 2-26　辅助支承应用示意图

图 2-27(a)所示为螺旋式辅助支承,其结构与可调支承近似,但操作过程不同,螺旋辅助支承在工件完成定位后再接触工件,所以不起定位的作用。图 2-27(b)所示为自动调节式辅助支承,弹簧 1 推动滑柱 2 与工件接触,用顶柱 3 锁紧,弹簧力应能推动滑柱上升,但不可顶起工件。图 2-27(c)所示为推引式辅助支承,工件定位后,推动手轮 4 使滑销 6 与工件接触,然后转动手轮 4 使斜楔 5 开槽部分胀开而锁紧。该结构形式主要用于大型工件。

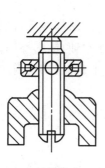
(a)螺旋式

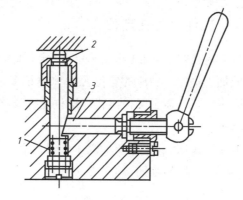
(b)自动调节式

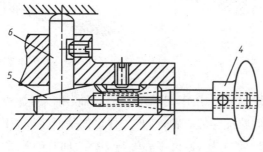
(c)推引式

1—弹簧;2—滑柱;3—顶柱;4—手轮;5—斜楔;6—滑销。

图2-27 辅助支承的种类

注 意

需要注意的是,辅助支承参与支承定位必须以不破坏独立支承定位为前提。

在一些大型工件的加工中,为了提高支承的稳定性,经常可以见到辅助支承的应用,图2-28即为辅助支承应用的例子。

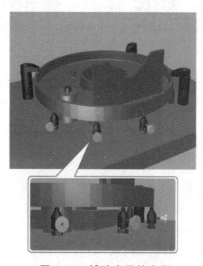

图2-28 辅助支承的应用

2.2.2 工件以内孔定位

当工件以内孔(包括圆柱孔和圆锥孔)定位时,内孔的轴线为定位基准,内孔表面需要具有较高的加工精度。相应的定位元件种类较多,主要有圆柱心轴、锥度心轴、圆柱销、削边销及圆锥销等。若需要工件内孔与定位元件长接触,则选用心轴;否则选用定位销等。

1. 心轴

心轴常用于车床、磨床等加工机床上对内孔尺寸较大的套筒类工件的定位,其结构有圆柱心轴、锥度心轴等,如图 2-29 所示。

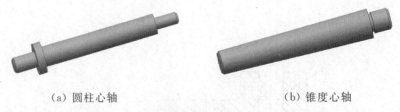

（a）圆柱心轴　　　　　（b）锥度心轴

图 2-29　心轴

圆柱心轴的结构形式主要有用于间隙配合的心轴、用于过盈配合的心轴及花键心轴。图 2-30(a)所示为采用间隙配合的心轴,其与工件定位基面接触的配合面一般按照 h6、g6、f7 制造。这种心轴装卸工件方便,但由于心轴与工件之间有间隙的存在,故定心精度不高。为了减少间隙的影响,工件常以内孔和端面联合定位,可以消除五个自由度(绕着轴线的转动自由度除外)。图 2-30(b)所示为采用过盈配合的心轴,其结构一般由引导部分 1、工作部分 2 和传动部分 3 组成。心轴与工件定位基面接触的配合面按照 r6 制造,定心精度较高,一般不需要再设置夹紧装置,但装卸麻烦,也可以消除工件的五个自由度,主要用于精加工场合。图 2-30(c)所示为花键心轴,用于加工以花键孔定位的工件。

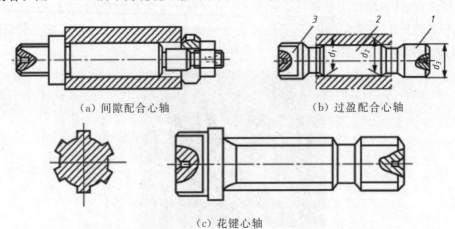

（a）间隙配合心轴　　　　　（b）过盈配合心轴

（c）花键心轴

1—引导部分；2—工作部分；3—传动部分。

图 2-30　圆柱心轴的结构形式

当工件既要求定位精度高,又要求装卸方便时,还可以采用圆柱孔在小锥度心轴上定位,见图 2-31。心轴的锥度越小,定心精度越高,夹紧也越可靠,但工件在轴向位置有较大的变动,易倾斜,故不宜加工端面,应该根据定位孔的精度和加工要求,合理选择心轴的锥度。

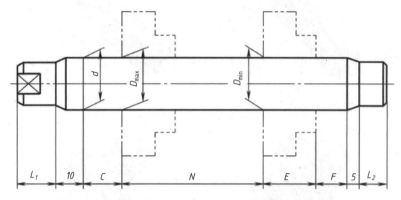

图 2-31 工件在小锥度心轴上定位

心轴在机床上的安装方式见图 2-32。图 2-32(a)采用两顶尖形式安装,图 2-32(b)采用一夹一顶形式安装,图 2-32(c)采用锥孔形式安装,图 2-32(d)采用滚齿机心轴安装。

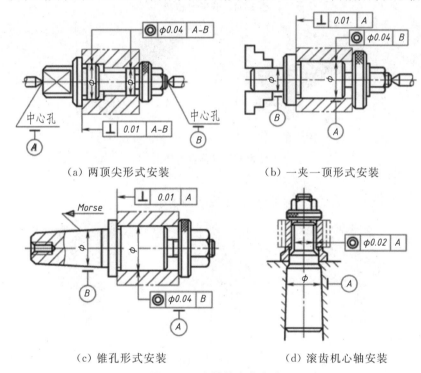

(a) 两顶尖形式安装　　(b) 一夹一顶形式安装

(c) 锥孔形式安装　　(d) 滚齿机心轴安装

图 2-32 心轴的安装方式

2. 定位销

定位销的结构尺寸已经标准化,包括小定位销(JB/T 8014.1—1999)、普通定位销(JB/T 8014.2—1999)和可换定位销(JB/T 8014.3—1999)等,每一种定位销均有 A、B 型,分别见图 2-33、图 2-34、图 2-35。

(a) A型　　　　　　　　(b) B型

图 2-33　小定位销

(a) A型　　　　　　　　(b) B型

图 2-34　普通定位销

(a) A型　　　　　　　　(b) B型

图 2-35　可换定位销

(1) 圆柱销

圆柱销的结构形式如图 2-36 所示,具体规格见附录 4。

(a) 适用于工件孔径为　　(b) 适用于工件孔径为　　(c) 适用于工件孔径大
　　3～10 mm 的情况　　　　10～18 mm 的情况　　　　于 18 mm 的情况

图 2-36　圆柱销

图 2-36(a)所示的圆柱销适用于工件孔径为 3～10 mm 的情况,为了避免使用时折断,需要把根部做成圆角结构;图 2-36(b)所示的圆柱销适用于工件孔径为 10～18 mm 的情况;图 2-36(c)所示的圆柱销适用于工件孔径大于 18 mm 的情况。三种结构的圆柱销均限制工件两个沿着径向的移动自由度。圆柱销的非工作面端部压入夹具体里,为了方便安装,夹具体需要制出沉孔结构。圆柱销与夹具体采用过盈配合(H7/r6)或过渡配合(H7/n6)。

(2) 削边销

削边销是在圆柱销的基础上,将工作部分削去边缘。实际应用中多采用菱形结构,其强度较好,故削边销也被称为菱形销,削边宽度部分可修圆角。标准菱形销的结构如图2-37所示,具体规格见附录4。

(a) 适用于工件孔径为 3～10 mm 的情况　　(b) 适用于工件孔径为 10～18 mm 的情况　　(c) 适用于工件孔径大于 18 mm 的情况

图 2-37　菱形销

图 2-37(a)、(b)、(c)所示的菱形销分别适用于工件孔径 3～10 mm、10～18 mm,以及工件孔径大于 18 mm 三种情况。菱形销一般配合圆柱销或者心轴共同定位使用,其本身限制工件的一个自由度。

(3) 可换定位销

大批量生产时为了便于定位销的更换,可采用可换定位销(图 2-38)。可换定位销通过衬套放置在夹具体内孔里,此时,可换定位销与衬套采用间隙配合(H7/h6),衬套与夹具体多采用过渡配合(H7/n6)。

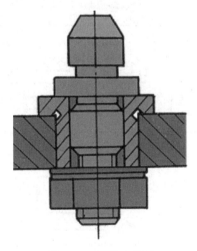

图 2-38　可换定位销

3. 圆锥销

圆锥销常用于工件孔端的定位,其应用如图 2-39 所示。图 2-39(a)所示的圆锥销结构用于工件已加工孔的定位,图 2-39(b)所示的圆锥销结构用于工件未加工孔的定位,两种结构均限制工件 $\vec{X}$、$\vec{Y}$、$\vec{Z}$ 三个移动自由度。

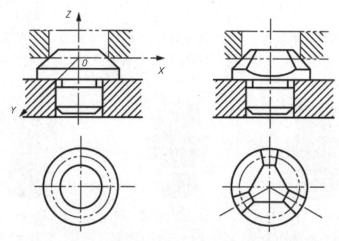

(a) 工件已加工孔的定位　　　　(b) 工件未加工孔的定位

图 2-39　圆锥销的应用

工件以内孔定位采用定位元件限制自由度情况见表 2-4。

表 2-4　以内孔定位采用定位元件限制自由度情况

定位元件	定位简图	限制的自由度
短圆柱销		$\vec{X}$、$\vec{Z}$
长心轴		$\vec{X}$、$\hat{X}$、$\vec{Z}$、$\hat{Z}$
锥度心轴		$\vec{X}$、$\vec{Y}$、$\hat{Y}$、$\vec{Z}$、$\hat{Z}$
固定圆锥销		$\vec{X}$、$\vec{Y}$、$\vec{Z}$

续表

定位元件	定位简图	限制的自由度
浮动圆锥销		$\vec{Y}$、$\vec{Z}$
固定圆锥销与浮动圆锥销组合		$\vec{X}$、$\vec{Y}$、$\vec{\hat{Y}}$、$\vec{Z}$、$\vec{\hat{Z}}$

2.2.3 工件以外圆定位

工件以外圆定位，相应的定位元件主要有"V"形块、定位套及半圆套。

1. "V"形块

不论工件的外圆面是否经过加工及是否完整，都可以采用"V"形块定位，这是因为"V"形块具有良好的定心对中性，实际定位时，工件的定位基准始终处在"V"形块两斜面的对称中心面上，且不受定位基准面直径误差的影响。

"V"形块有固定"V"形块、活动"V"形块、调整"V"形块等。对于固定"V"形块来说，若"V"形块与工件长接触，则限制四个自由度；若"V"形块与工件短接触，则限制两个自由度。图 2-40 所示为常见固定"V"形块的不同结构形式。图 2-40(a)适用于较短的精基准面的定位；图 2-40(b)适用于两段精基准面相距较远的场合的定位；图 2-40(c)采用一对短的"V"形块组合，适用于较长的粗基准面和阶梯的定位。

(a) 较短的精基准面定位

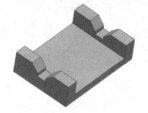
(b) 适用于两段精基准面相距较远的场合的定位

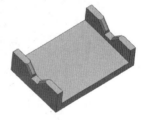
(c) 较长的粗基准面和阶梯的定位

图 2-40 "V"形块结构形式

"V"形块两斜面的夹角主要有 60°、90°和 120°，90°的"V"形块使用最多，其结构与规格已经标准化(JB/T 8018.1—1999 等)，结构尺寸如图 2-41 所示，具体规格见附录 17。"V"形块根据工件的外圆直径选取规格，主要参数为"V"形块的斜面间距 N。

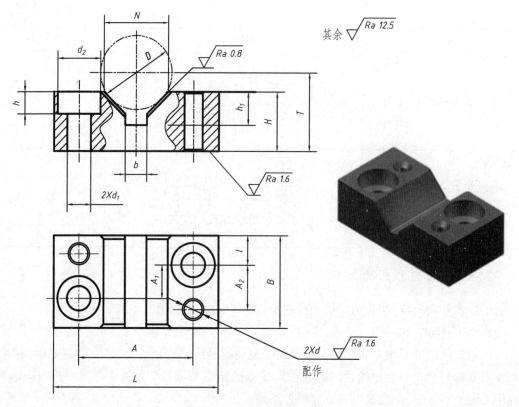

图 2-41 "V"形块结构尺寸

"V"形块安装在夹具体上需要先用圆柱销与夹具体定位,再用螺钉紧固,安装应用如图 2-42 所示。

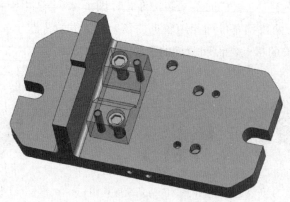

图 2-42 "V"形块安装示意图

活动"V"形块还可以作为夹紧元件使用,如图 2-43 所示,它能提供一个支承点,消除工件一个自由度 $\vec{z}$,也能夹紧工件,起到定心夹紧的作用。

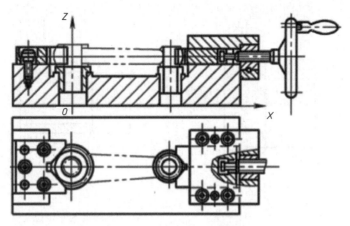

图 2-43 活动"V"形块的应用

工件以外圆定位,采用"V"形块限制自由度的情况见表 2-5。

表 2-5 "V"形块限制自由度的情况

定位元件	定位简图	限制的自由度
短"V"形块		$\vec{Y}$、$\vec{Z}$
长"V"形块		$\vec{Y}$、$\hat{Y}$、$\vec{Z}$、$\hat{Z}$

2. 定位套

工件以外圆柱面定位,还可以选用定位套作为定位元件,此时工件的外圆柱面一般是精加工面。定位套配合端面联合定位,还可以限制工件沿着轴向移动的自由度。图 2-44(a)所示为带大端面的短定位套,工件以较短的外圆柱面在定位套的孔中定位,限制两个径向移动自由度,而工件在大端面定位,又限制三个自由度。图 2-44(b)所示为带小端面的长定位套,工件以较长的外圆柱面在定位套的孔中定位,限制四个自由度,而工件在小端面定位,又限制一个轴向移动自由度。

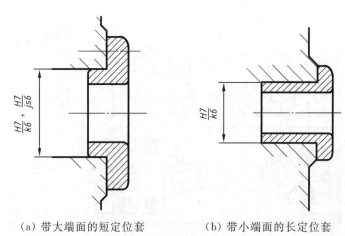

(a) 带大端面的短定位套　　　　(b) 带小端面的长定位套

图 2-44　定位套的应用

定位套结构简单,容易制造,但是定心精度不高,一般用于工件的精基准定位。为了便于工件的装入,一般在定位套的孔端口应有 15°、30°的倒角或者圆角,如图 2-45 所示。

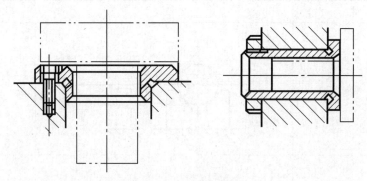

图 2-45　定位套的结构

3. 半圆套

半圆套主要用于大型轴类零件的外圆定位。图 2-46(a)所示为可卸式,图 2-46(b)所示为铰链式,便于装卸工件。上半圆柱孔只起到夹紧的作用,其夹紧力均匀作用在工件的基准圆柱面上。半圆套一般不直接与工件、夹具体接触,而是通过圆套内镶有的铜套与它们接触。

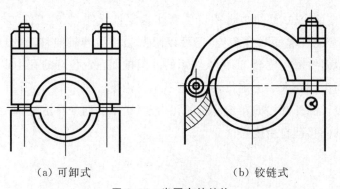

(a) 可卸式　　　　　　　(b) 铰链式

图 2-46　半圆套的结构

2.2.4 组合定位

如果工件以两个或两个以上的表面作为定位基面,则定位元件也必须以相应的组合表面进行限位,这种定位方法就属于组合定位。工件实际定位应用中,大多采用组合定位方法,很少有选取单一表面就可以满足定位要求的。例如,前面介绍的长方体工件采取的"321"定位方法就属于组合定位。工件往往需要利用自身的平面、外圆或者内孔等表面相互配合进行定位,在这里起到主要定位作用的表面,称为主要定位基面,其他定位基面称为次要定位基面。下面主要介绍圆孔与端面联合定位方法及一面两孔定位方法。

1. 圆孔与端面联合定位方法

按照工件与定位元件表面接触的大小分为图 2-47(a)所示的小端面长销(心轴)定位和图 2-47(b)所示的大端面短销定位两种形式。若工件内孔的轴线与端面垂直度精度不高,可在工件与定位元件的端面接触处增加一个球面垫圈作为浮动支承,以消除过定位影响,如图 2-47(c)所示。三种定位方法,除了工件绕轴线的转动自由度没有限制外,其余五个自由度均被限制。

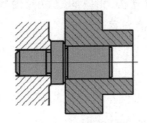
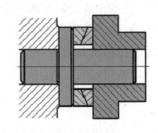

(a) 小端面长销(心轴)定位　　(b) 大端面短销定位　　(c) 增加球面垫圈

图 2-47　工件以圆孔与端面联合定位

【例 2-1】　要求对图 2-48 所示的钢套钻削 $\phi 6$ mm 的孔,试进行定位设计。

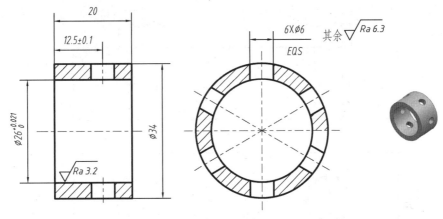

图 2-48　钢套

钻孔工序加工要求有:$\phi 6$ 孔的中心线与 $\phi 26^{+0.021}_{0}$ mm 孔的中心线垂直,且距离左端面尺寸为 (12.5 ± 0.1) mm,故钻孔工序的工序基准为工件 $\phi 26^{+0.021}_{0}$ mm 孔的中心线与工件的左端面。而工件的内孔和端面均已经加工,可以作为定位基面选取。采用大端面短销的定位形式,即选取定位元件(销轴)的短销轴段 1 和台阶面 2(图 2-49),作为限位基面,与工件的内孔和左端面接触定位,定位方案如图 2-50 所示。对于另外五个等份孔的加工,则需要通过分度装置来实现。

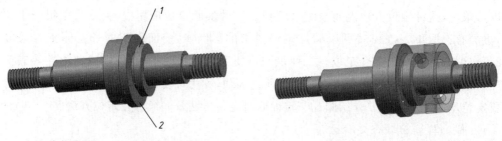

1—销轴的轴段;2—销轴的台阶面。

图 2-49　定位元件的选取　　　　　　　图 2-50　定位方案

2. 一面两孔定位方法

对于箱体类零件,由于工件表面既有平面,也有内孔(或制出工艺孔),故常采用一面两孔定位方法。这种定位方式可以在工件一次装夹中加工较多的表面,有利于实现基准统一,提高工件各个表面之间的位置精度。采用一面两孔定位方法,相应的定位元件是一面两销,按照定位销的不同分为两圆柱销方案和圆柱销与菱形销方案。

(1) 两圆柱销方案

如图 2-51 所示,工件以底面和两个圆孔作为定位基面,相应的定位元件为平面支承板和两个圆柱销。平面支承板限制工件 $\vec{Z}$、$\vec{X}$、$\vec{Y}$ 三个自由度,假设左侧的第 1 圆柱销限制工件 $\vec{X}$、$\vec{Y}$ 两个自由度,则右侧的第 2 圆柱销限制工件 $\vec{Y}$、$\vec{Z}$ 两个自由度,故工件 $\vec{Y}$ 被重复定位了。

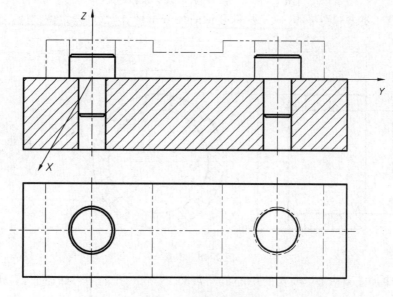

图 2-51　两圆柱销方案

如图 2-52 所示,当工件的两孔中心距($L\pm\delta_{LD}/2$)与夹具的两销中心距($L\pm\delta_{Ld}/2$)的

公差之和大于工件定位孔(D_1、D_2)与夹具的两定位销(d_1、d_2)之间的间隙之和时,将出现极端情况,部分工件装不进去销孔。要使同一批的所有工件都能顺利装卸,必须满足下列条件:当工件的两孔径为最小(D_{1min}、D_{2min})、夹具的两销径为最大(d_{1max}、d_{2max})、两孔中心距为最大($L+\delta_{LD}/2$)、两销中心距为最小($L-\delta_{Ld}/2$),或者两孔中心距为最小($L-\delta_{LD}/2$)、两销中心距为最大($L+\delta_{Ld}/2$)时,D_1与d_1、D_2与d_2之间仍有最小间隙X_{1min}、X_{2min}存在。

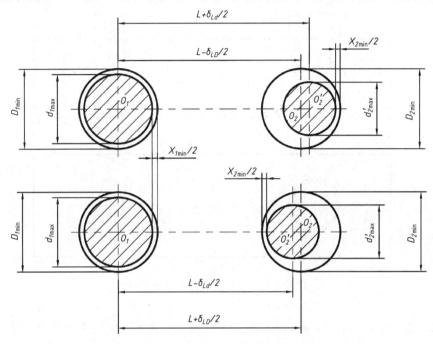

图 2-52　设置两圆柱销方案

由图 2-52 可知,为了满足上述条件,第 2 圆柱销与第 2 销孔不能采用标准配合,第 2 圆柱销的直径应减小(d_2'),中心距方向的间隙应增大。缩小后的第 2 圆柱销的最大直径为

$$\frac{d_{2max}'}{2} = \frac{D_{2min}}{2} - \frac{X_{2min}}{2} - O_2O_2'$$

式中,X_{2min}为第 2 销与第 2 孔采用标准配合时的最小间隙。

又有

$$O_2O_2' = \left(L + \frac{\delta_{Ld}}{2}\right) - \left(L - \frac{\delta_{LD}}{2}\right) = \frac{\delta_{Ld}}{2} + \frac{\delta_{LD}}{2}$$

可以得到

$$\frac{d_{2max}'}{2} = \frac{D_{2min}}{2} - \frac{X_{2min}}{2} - \frac{\delta_{Ld}}{2} - \frac{\delta_{LD}}{2}$$

$$d_{2max}' = D_{2min} - X_{2min} - \delta_{Ld} - \delta_{LD}$$

这就是说,要满足工件顺利装卸的条件,直径缩小后的第 2 圆柱销与第 2 孔之间的最小间隙应达到:

$$X_{2min}' = D_{2min} - d_{2max}' = \delta_{LD} + \delta_{Ld} + X_{2min}$$

这种缩小定位销的方法,虽然能够实现工件的顺利装卸,但是增大了工件的转动误差,因此,只能在加工要求不高的情况下使用。

(2) 圆柱销与菱形销方案

采用如图 2-53 所示的方法,不减小右侧定位销的直径,而是将定位销"削边",也能增加中心距方向的间隙。

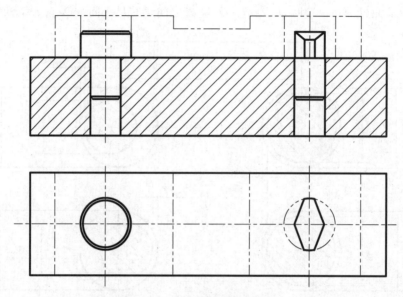

图 2-53　圆柱销与菱形销方案

削边量越大,两销中心距方向的间隙越大,当间隙达到 a 时(图 2-54),便可以满足工件顺利装卸的条件,此时的定位销称为削边销。该方法只是增加中心距方向的间隙,不增大工件的转角误差,因而定位精度较高。

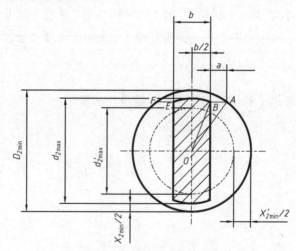

图 2-54　采用削边销方案

经过计算可得

$$a = \frac{X'_{2\max}}{2} = \frac{\delta_{LD} + \delta_{Ld} + X_{2\min}}{2}$$

实际应用时,一般取

$$a = \frac{X'_{2\max}}{2} = \frac{\delta_{LD} + \delta_{Ld}}{2}$$

经过整理,得到削边宽度 b 的值为

$$b = \frac{D_{2\min} X_{2\min}}{2a}$$

则

$$X_{2\min} = \frac{2ab}{D_{2\min}}$$

此时基准位移误差包括直线位移误差和角度位移误差(图 2-55),其中角度位移误差的计算方法如下:

当两定位孔同方向移动时,设定位基准(两孔连心线)的转角为 $\Delta\beta$,则

$$\Delta\beta = \arctan \frac{O_2 O_2{}' - O_1 O_1{}'}{L} = \arctan \frac{X_{2\max} - X_{1\max}}{2L}$$

当两定位孔反方向移动时,设定位基准(两孔连心线)的转角为 $\Delta\alpha$,则

$$\Delta\alpha = \arctan \frac{O_2 O_2{}' + O_1 O_1{}'}{L} = \arctan \frac{X_{2\max} + X_{1\max}}{2L}$$

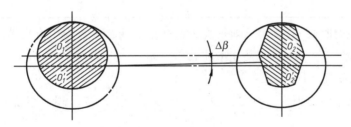

(a) 两定位孔同方向移动

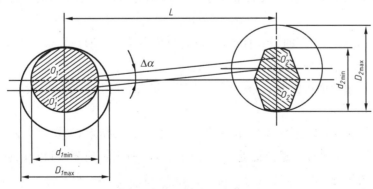

(b) 两定位孔反方向移动

图 2-55 定位基准的转动

削边销已经标准化,其结构如图 2-56 所示,B 型结构简单,容易制造,但是刚性差。A

型销又叫菱形销,应用较广,其尺寸见表 2-6。

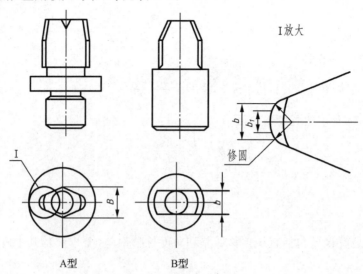

图 2-56　菱形销的结构

表 2-6　菱形销的尺寸　　　　　　　　　　　　　　　　　　　　　　单位:mm

d	3～6	6～8	8～20	20～24	24～30	30～40	40～50
B	$d-0.5$	$d-1$	$d-2$	$d-3$	$d-4$	$d-4$	$d-6$
b_1	1	2	3	3	3	4	5
b	2	3	4	5	5	6	8

装配削边销的时候,应使其长轴垂直于两孔连心线。一般为了方便装卸,可使削边销的高度低于圆柱销 3～5 mm,以防止卡住。

(3) 菱形销的尺寸计算

定义两销孔的中心距为 $L_D \pm \delta_{LD}$,两销的中心距为 $L_d \pm \delta_{Ld}$,现介绍菱形销的设计计算过程。

若希望菱形销能够顺利套入工件的销孔里面,则菱形销工作面的最大直径为

$$d_{2\max} = D_{2\min} - X_{2\min}$$

式中,$d_{2\max}$ 为菱形销工作面的最大直径,$D_{2\min}$ 为与菱形销配合的销孔最小极限尺寸,$X_{2\min}$ 为销孔与菱形销的最小间隙。

当采用修圆角的削边销时,以 b_1 代替 b。菱形销直径的公差等级一般取 IT6 或 IT7(相当于 h6 或 h7)。

【例 2-2】　连杆盖钻削 $4 \times \phi 3$ mm 的工序如图 2-57(a)所示,其定位方式采用平面 A 和直径为 $\phi 12^{+0.027}_{0}$ mm 的两个螺栓孔定位,如图 2-57(b)所示。现要求设计圆柱销、菱形销的中心距及各自的尺寸。

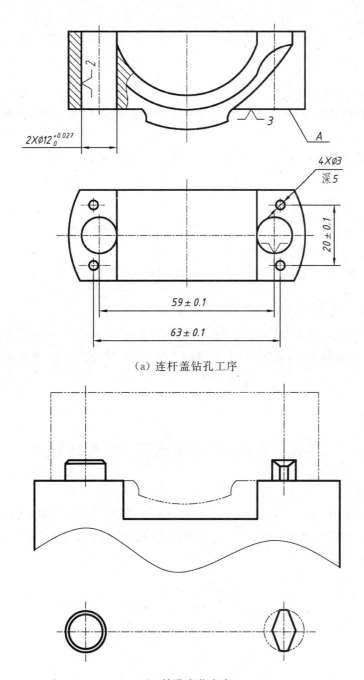

(a) 连杆盖钻孔工序

(b) 钻孔定位方案

图 2-57 连杆盖钻孔

解 工件采用一面两孔定位形式,即工件的底面 A 布置平面支承板,左侧 $\phi 12^{+0.027}_{0}$ mm 孔布置圆柱销,右侧 $\phi 12^{+0.027}_{0}$ mm 孔布置菱形销。

① 确定两定位销的中心距。

两定位销的中心距的基本尺寸等于两孔中心距的基本尺寸,公差取两孔中心距公差的

$\frac{1}{5} \sim \frac{1}{3}$。因为两孔中心距的尺寸为$(59\pm0.1)$mm,则两定位销的中心距的尺寸为$(59\pm0.02)$mm。

② 确定圆柱销的尺寸。

圆柱销工作面直径的基本尺寸等于相应定位孔的最小极限尺寸,公差一般取 g6 或者 f7。

与圆柱销配合的定位孔的尺寸为$\phi 12^{+0.027}_{0}$ mm,则圆柱销的直径为$\phi 12$g6,即

$$d_1 = \phi 12^{-0.006}_{-0.017} \text{ mm}$$

③ 确定菱形销的尺寸。

与菱形销配合的定位孔尺寸为$\phi 12^{+0.027}_{0}$ mm,查表 2-6,确定 $b=4$ mm。
又 $D_{2\min}=12$ mm,$\delta_{LD}=0.1$ mm,$\delta_{Ld}=0.02$ mm,则

$$X_{2\min} = \frac{2ab}{D_{2\min}} = \frac{2\times(\delta_{LD}+\delta_{Ld})\times b}{D_{2\min}} = \frac{2\times(0.1+0.02)\times 4}{12} \text{ mm} = 0.08 \text{ mm}$$

故菱形销的工作面直径为

$$d_{2\max} = D_{2\min} - X_{2\min} = (12-0.08) \text{ mm} = 11.92 \text{ mm}$$

菱形销的公差等级一般取 IT6 或 IT7(相当于 h6 或 h7),则菱形销的尺寸为$\phi 12^{-0.080}_{-0.091}$ mm。

2.3 定位误差的分析与计算

图 2-58 所示的传动轴以外圆柱面在"V"形块上支承定位,铣削键槽。试问:该传动轴能否满足工序尺寸 $L^{0}_{-\delta_L}$ 的加工要求?因为定位原因而引起的加工误差是多少?应该如何计算?

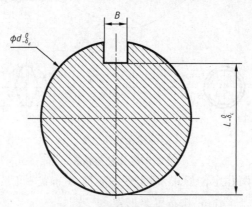

图 2-58 传动轴铣槽示意图

零件在加工工艺过程中所采取的基准,包括工序基准、定位基准、测量基准和装配基准。工序基准是指在工序图上用以确定本工序被加工面的尺寸、形状、位置的基准,其所标注的加工面尺寸称为工序尺寸。定位基准是指在加工时使工件在机床或夹具上占据一正

确位置所依据的基准。作为定位基准的点、线、面可以是工件上可见的某些点、线、面,也可以是看不见摸不着的中心点、中心线、对称中心面等。工件定位时往往通过某些表面来体现,这些面就称为定位基准面,也称为定位面。采用符号"▽"表示定位,该符号的尖端指向定位基面。

如图 2-59 所示,工件以$\phi70$ mm 的外圆和左端面在车床上定位,车削$\phi40g6$ mm 的台阶面,长度为 $50_{-0.15}^{0}$ mm。对于工序尺寸 $50_{-0.15}^{0}$ mm 来说,其尺寸线的一端指向被加工面的加工位置(图中为 C 面),另一端指向的就是工序基准(图中为 B 面)。而工件的轴向定位基准为 A 面,所以本道工序中定位基准和工序基准没有统一。

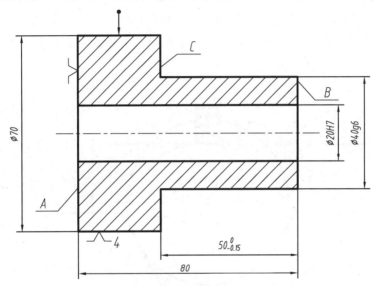

图 2-59 工件装夹示意图

采用"六点定位"原理可以确定工件的加工位置,解决的是工件"定与不定"的问题,但是能否满足尺寸公差要求,还需要解决工件"准与不准"的问题,即需要计算定位误差的大小是否符合要求。

一般认为采用夹具装夹工件影响加工误差的因素主要包括以下四个方面:

① 与工件在夹具上保证定位有关的误差,称为定位误差 Δ_D。
② 与夹具在机床上安装有关的误差,称为安装误差 Δ_A。
③ 与刀具同夹具定位元件调整位置有关的误差,称为调整误差 Δ_T。
④ 与加工方法有关的误差,称为过程误差 Δ_G。

上述四种误差的合成值若小于工序尺寸的公差值,则认为工件加工合格。实际应用中,一般认为若定位误差小于工序尺寸公差值的 $\frac{1}{3}$,则判定定位误差符合要求。

当一批工件逐个在夹具上定位时,各个工件在夹具上所占据的位置不可能完全一致,以致加工后各工件的工序尺寸存在误差,这种因工件定位而产生的工序基准在工序尺寸方向上的最大变动量,称为定位误差。定位误差和工件采取的定位方法有关,具体来说是因为工件采用夹具进行定位加工是以调整法进行的。当一批工件中的第一个工件采用夹具装夹,通过刀具调整来确定工件、夹具的位置后,后续其他工件的加工位置就不再变动了。加工前,操作者总是以定位元件的限位基面来调整刀具的位置,而工件的定位基面与定位元件的限位基面总是接触的,所以也相当于调整刀具与工件的位置。

以传动轴铣削键槽为例,如图 2-60 所示,当工件以外圆柱面$\phi d_{-\delta_d}^{0}$在"V"形块上定位时,理论上工件的定位基准应与"V"形块的限位基准相重合。由于存在制造误差($-\delta_d \sim 0$),工件的定位基准(中心线的位置)会在"V"形块两斜面的对称中心面上下移动。夹具设计时已经确保"V"形块与对刀装置的联系尺寸,当操作者通过对刀装置寻找铣刀的加工位置时,该位置实际是以"V"形块为调节基准的,而且该位置一经确定,后期批量生产就不会改变。那么对于一批工件来说,由于制造误差的存在,每个工件的实际加工位置会有偏差,所以存在与定位有关的误差。如果不加以分析和计算,有可能定位误差会显著影响工件的尺寸公差。

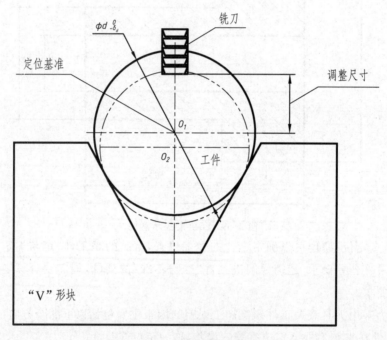

图 2-60　刀具调整示意图

定位误差 Δ_D 包括基准不重合误差 Δ_B 和基准位移误差 Δ_Y,在介绍两者之前,需要厘清定位副的概念。如图 2-61 所示,当工件以内孔与心轴接触定位,心轴为定位元件,工件的内孔面与心轴的外圆柱面称为定位副。工件的内孔面就是定位基面,内孔面所在的轴线即定位基准。心轴的外圆柱面是限位基面,它所在的轴线即限位基准。

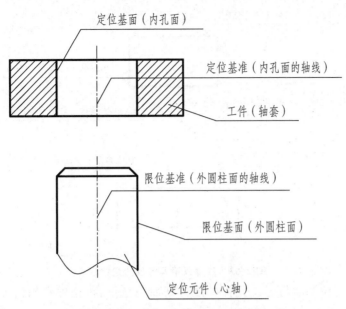

图 2-61　工件以内孔定位的定位副

当工件以外圆柱面在"V"形块上定位时(图 2-62),工件的外圆柱面与"V"形块的两斜面构成定位副。工件的外圆柱面为定位基面,外圆柱面的轴线为定位基准。"V"形块的两斜面为限位基面,"V"形块的中心线即限位基准。

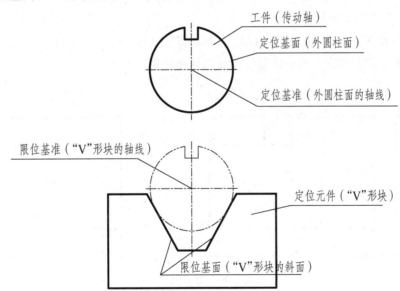

图 2-62　工件以外圆定位的定位副

当工件采用平面定位方法时(图 2-63),工件的实际表面就是定位基面,平面度为零的理想表面就是定位基准。而支承板作为定位元件,由于经过精加工,一般认为限位基面就是限位基准。

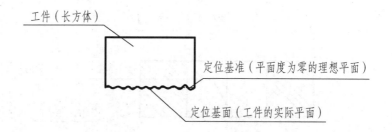

图 2-63 工件以平面定位的定位副

如果工件的定位基面与定位元件的限位基面完全重合,这种理想情况最符合定位原理,但是由于定位副存在制造误差等,这种理想情况不可能实际存在,所以需要进行定位误差的分析与计算。

2.3.1 基准不重合误差 Δ_B

基准不重合误差 Δ_B 指的是工件因为定位基准与工序基准不重合造成的误差。如图 2-64 所示,需要在长方体工件上铣通槽,铣槽工序尺寸有 $A_{-\delta_A}^{0}$、$B_{-\delta_B}^{0}$、$C_{-\delta_C}^{0}$,现以工序尺寸 $B_{-\delta_B}^{0}$ 为例,阐述因为定位方案不同造成的加工误差区别。

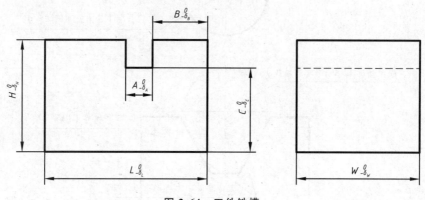

图 2-64 工件铣槽

对于工序尺寸 $B_{-\delta_B}^{0}$,图 2-65(a)所示定位方案中选取工件的 M 面作为定位基准;图 2-65(b)所示定位方案中选取工件的 N 面作为定位基准。分析工件铣槽工序可知,工序尺寸 $B_{-\delta_B}^{0}$ 的工序基准为 M 面。当工件以 M 面作为定位基准时,操作者调整的刀具右侧切削刃 S_2 与定位元件 2 的距离正是要求加工的尺寸 $B_{-\delta_B}^{0}$。那么在一批工件加工中,这个距离显然不变,因而得到工件的尺寸 $B_{-\delta_B}^{0}$ 是稳定不变的。当工件以左端面 N 作为定位基准时,操作者调整的是刀具左侧切削刃 S_1 与定位元件 1 的距离 B',而间接获得的尺寸 B 显然随

着尺寸 L 的变动而改变。对于一批毛坯工件,尺寸 L 是变化的,变化范围 $\delta_L = L_{max} - L_{min}$,那么间接得到的尺寸 B 相应也要变动,尺寸 B 的公差就等于尺寸 L 的公差 (δ_L)。

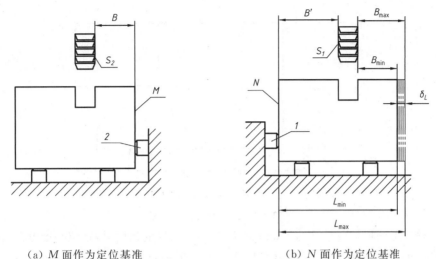

(a) M 面作为定位基准　　　　　　(b) N 面作为定位基准

图 2-65　工件定位方案

在图 2-66 中,传动轴以内孔 ϕ20H7 在心轴 ϕ20g6 上定位,键槽工序尺寸 $L_{-\delta_L}^{0}$ 的工序基准为传动轴外圆柱面的下母线,而定位基准为工件内孔 ϕ20H7 的轴线,两者不重合,故存在基准不重合误差 Δ_B。工序基准与定位基准的联系尺寸为 S,则基准不重合误差 Δ_B 应等于联系尺寸 S 的公差 $\left(\dfrac{\delta_d}{2}\right)$。

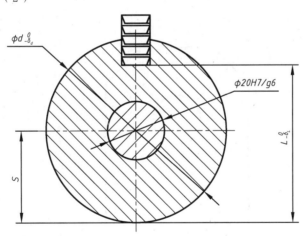

图 2-66　工件定位方式

综上所述,基准不重合误差 Δ_B 是由工件定位基准与工序基准不重合引起的。工件定位基准与工序基准之间的联系尺寸称为定位尺寸 S,当工序基准的变动方向与加工方向一致时,基准不重合误差 Δ_B 就等于定位尺寸 S 的公差 δ_S;当工序基准的变动方向与加工方向存在夹角 α 时,基准不重合误差 Δ_B 就等于定位尺寸的公差 δ_S 在加工方向上的投影,即

$$\Delta_B = \delta_S \cos\alpha$$

【例 2-3】　采用如图 2-67 所示的定位方式铣削加工工件右上侧的缺口,试计算工序尺

寸(20±0.15)mm 的基准不重合误差。

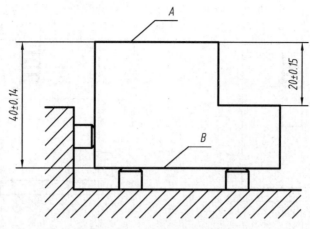

图 2-67 工件铣缺口示意图

解 对于工序尺寸(20±0.15)mm，工序基准是工件的顶面 A，定位基准是工件的底面 B，工序基准与定位基准不重合，则基准不重合误差等于两者的联系尺寸(40±0.14)mm 的公差，即

$$\Delta_B = 0.28 \text{ mm}$$

【**例 2-4**】 采用如图 2-68 所示的定位方式对工件进行铣削加工，试计算工序尺寸 A 的基准不重合误差。

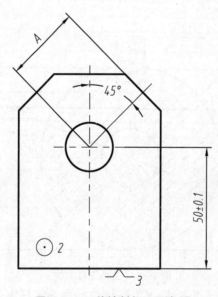

图 2-68 工件铣削加工示意图

解 对于工序尺寸 A，工序基准是工件的圆孔中心线 O，定位基准是工件的底面，工序基准与定位基准不重合，两者的联系尺寸为(50±0.1)mm，则工序尺寸 A 的基准不重合误差为

$$\Delta_B = \delta_S \cos\alpha = 0.2 \times \cos 45° \text{ mm} \approx 0.14 \text{ mm}$$

2.3.2 基准位移误差 Δ_Y

如图 2-69 所示,工件以内孔 $\phi D^{+\delta_D}_{0}$ 套在圆柱销上支承加工 ϕd 的孔,定位基准是工件内孔 $\phi D^{+\delta_D}_{0}$ 的轴线,限位基准是圆柱销的轴线。由于工序尺寸 $L\pm\delta_L$ 的工序基准也是工件 $\phi D^{+\delta_D}_{0}$ 内孔的轴线,所以不存在基准不重合误差。但是一批工件内孔直径 $\phi D^{+\delta_D}_{0}$ 有误差范围,而工件内孔与圆柱销多采用间隙配合,这样就会出现工件的定位基准与限位基准不重合的现象,造成批量生产时工件的定位基准在圆柱销中心某方向上变动,引起工序尺寸 $L\pm\delta_L$ 在加工方向上有最大变动范围。这种由定位基准与限位基准不重合所引起的定位误差称为基准位移误差 Δ_Y,其值大小与工件的定位方式、工件与定位元件的配合关系均有关。

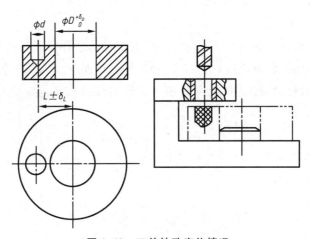

图 2-69 工件钻孔定位情况

1. 工件以平面定位

工件以平面定位时,不论定位基面是否为精加工,考虑到作为定位元件的限位基面均经过精加工,故可认为定位基准与限位基准基本重合,这时基准位移误差 Δ_Y 很小,可以忽略不计,即

$$\Delta_Y = 0$$

2. 工件以内孔定位

工件以内孔定位,定位元件主要有心轴与定位销。工件与定位元件两者之间的配合性质若是过盈配合,也认为定位基准与限位基准重合,此时 $\Delta_Y = 0$。若采用间隙配合,此时计算基准位移误差时需要考虑定位元件的安放位置。

(1) 定位元件水平安放

当定位元件水平安放时,工件套在心轴(或定位销)最上侧 B 位置,构成固定单边接触,如图 2-70 所示。当工件的内孔 D 最小、心轴的外径 d 最大时,定位基准位于 O_1 位置;当工件的内孔 D 最大、心轴的外径 d 最小时,定位基准位于 O_2 位置。因此,基准位移误差 Δ_Y 取决于定位基准的这两个极限位置 O_1 与 O_2 的距离,即

$$\Delta_Y = 0.5(\delta_D + \delta_d)$$

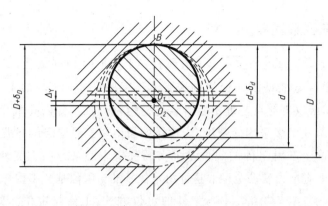

图 2-70 孔与心轴固定单边接触

式中,δ_D 为工件孔的公差,δ_d 为定位元件心轴(或定位销)的公差。

(2) 定位元件竖直安放

定位元件竖直安放时,如图 2-71 所示,工件的定位基准有沿着相对心轴中心向四周任意方向变动的可能,构成任意边接触。当工件的内孔 D 最大、心轴的外径 d 最小时,定位基准沿工序方向的偏移量最大,其最大偏移量等于工件定位孔与定位元件的最大配合间隙,即

$$\Delta_Y = \delta_D + \delta_d + X_{\min}$$

式中,δ_D 为工件定位孔的公差,δ_d 为定位元件心轴(或定位销)的公差,$X_{\min}$ 为工件定位孔与定位元件的最小配合间隙。

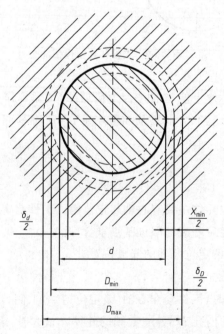

图 2-71 孔与心轴任意边接触

【例 2-5】 如图 2-72 所示,工件以 $\phi 20^{+0.021}_{0}$ mm 的内孔在 $\phi 20^{-0.007}_{-0.020}$ mm 的心轴上定位,铣加工圆槽 $R5^{+0.5}_{0}$ mm,心轴竖直放置,求工序尺寸 $45^{-0.1}_{-0.5}$ mm 的基准位移误差。

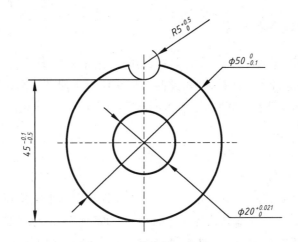

图 2-72 铣圆槽示意图

解 工件内孔与心轴间隙配合,且心轴竖直放置,构成任意边接触,则基准位移误差为

$$\Delta_Y = \delta_D + \delta_d + X_{min} = (0.021 + 0.013 + 0.007)\text{mm} = 0.041 \text{ mm}$$

3. 工件以外圆柱面定位

工件以外圆柱面定位时,定位元件主要是"V"形块。"V"形块的限位基面属于精加工面,此时对于基准位移误差的计算可以只考虑工件外圆柱面的制造误差所引起的影响。如图 2-73 所示,当工件外圆柱面直径 d 最大时,定位基准中心在 O_1 位置;当工件外圆柱面直径 d 最小时,定位基准中心在 O_2 位置。因此,工件定位基准的最大变动量 O_1O_2 即基准位移误差 Δ_Y,经过计算可以得到:

$$\Delta_Y = \frac{\delta_d}{2\sin\frac{\alpha}{2}}$$

式中,δ_d 为工件外圆面直径 d 的公差,α 为"V"形块两斜面的夹角。

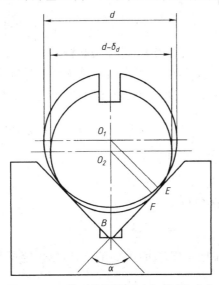

图 2-73 工件以外圆柱面在"V"形块定位

2.3.3 定位误差的计算

实际加工生产中,基准不重合误差 Δ_B 和基准位移误差 Δ_Y 多是同时存在的,因此,计算定位误差 Δ_D 时需要综合考虑两种误差,此时可以按照下面四种情况计算:

① $\Delta_B=0, \Delta_Y=0$,则 $\Delta_D=0$。

② $\Delta_B=0, \Delta_Y\neq 0$,则 $\Delta_D=\Delta_Y$。

③ $\Delta_B\neq 0, \Delta_Y=0$,则 $\Delta_D=\Delta_B$。

④ $\Delta_B\neq 0, \Delta_Y\neq 0$,则 $\Delta_D=\Delta_Y\pm\Delta_B$。

若工序基准不在定位基面上,则 $\Delta_D=\Delta_Y+\Delta_B$;若工序基准在定位基面上,还需要判断"±"号。当定位基准与工序基准的变动方向相同时取"+"号,反之取"-"号。

【例 2-6】 如图 2-74 所示,工件以 A 面定位加工 $\phi 20H8$ 的孔,试计算工序尺寸 (40 ± 0.1) mm 的定位误差能否满足加工要求。

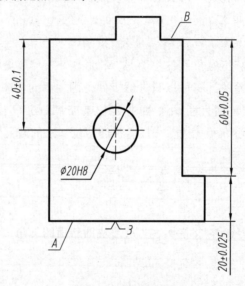

图 2-74 定位示意图

解 对于工序尺寸 (40 ± 0.1) mm,工序基准是工件的顶面 B,定位基准是工件的底面 A,工序基准与定位基准不重合,则基准不重合误差等于两者联系尺寸的公差,即

$$\Delta_B = \sum_{i=1}^{2}\delta_i = (0.1+0.05)\text{mm} = 0.15\text{ mm}$$

又工件以平面定位,故基准位移误差为

$$\Delta_Y = 0$$

则工序尺寸 (40 ± 0.1) mm 的定位误差为

$$\Delta_D = \Delta_B = 0.15\text{ mm}$$

因为定位误差大于工序尺寸公差值 (0.2) 的 $\frac{1}{3}$,所以该定位方案不能满足加工要求。

【例 2-7】 如图 2-72 所示，工件以 $\phi 20^{+0.021}_{0}$ mm 的内孔在 $\phi 20^{-0.007}_{-0.020}$ mm 的心轴上定位，铣加工圆槽 $R5^{+0.5}_{0}$ mm，若心轴水平放置，求工序尺寸 $45^{-0.1}_{-0.5}$ mm 的定位误差。

解 对于工序尺寸 $45^{-0.1}_{-0.5}$ mm，工序基准是工件的下母线，定位基准是 $\phi 20^{+0.021}_{0}$ mm 内孔的轴线，两者不重合，基准不重合误差应等于工件外圆（$\phi 50^{0}_{-0.1}$ mm）半径方向的公差，即

$$\Delta_B = 0.05 \text{ mm}$$

工件内孔与心轴间隙配合，且心轴水平放置，构成固定单边接触，则基准位移误差为

$$\Delta_Y = 0.5(\delta_D + \delta_d) = 0.5 \times (0.021 + 0.013) \text{mm} = 0.017 \text{ mm}$$

又工序基准不在定位基面上，故定位误差为

$$\Delta_D = \Delta_Y + \Delta_B = (0.05 + 0.017) \text{mm} = 0.067 \text{ mm}$$

定位误差小于工序尺寸公差（0.4 mm）的 $\dfrac{1}{3}$，故该方案满足加工要求。

【例 2-8】 如图 2-75 所示，轴以外圆在长 "V" 形块上定位铣键槽，试求槽深 A（三种标注方法）的定位误差。

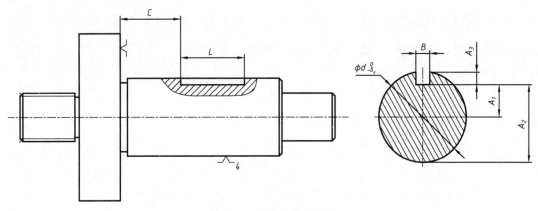

图 2-75 轴铣键槽示意图

解 ① 当键槽深度按照 A_1 标注时，工序基准是工件外圆（$\phi d^{0}_{-\delta_d}$）的轴线，定位基准也是工件外圆的轴线，两者重合，则

$$\Delta_B = 0$$

工件以外圆在 "V" 形块上定位，基准位移误差为

$$\Delta_Y = \frac{\delta_d}{2\sin\dfrac{\alpha}{2}}$$

则定位误差为

$$\Delta_D = \Delta_Y = \frac{\delta_d}{2\sin\dfrac{\alpha}{2}}$$

② 当键槽深度按照 A_2 标注时，定位基准是工件外圆（$\phi d^{0}_{-\delta_d}$）的轴线，工序基准是工件外圆的下母线，两者不重合，则基准不重合误差等于两者联系尺寸 $\left[\left(\dfrac{d}{2}\right)^{0}_{-\dfrac{\delta_d}{2}}\right]$ 的公差，即

$$\Delta_B = \frac{\delta_d}{2}$$

工件以外圆在"V"形块上定位，基准位移误差为

$$\Delta_Y = \frac{\delta_d}{2\sin\frac{\alpha}{2}}$$

基准不重合误差和基准位移误差都不等于 0，且工序基准在定位基面上，需要判断"±"号。

当定位基面（工件的外圆）的直径由大变小时，定位基准（工件外圆的轴线）由上向下移动；保持定位基准不动，让定位基面的直径由大变小，工序基准（工件外圆的下母线）由下向上移动。因为两者变化方向相反，所以定位误差为

$$\Delta_D = \Delta_Y - \Delta_B = \frac{\delta_d}{2\sin\frac{\alpha}{2}} - \frac{\delta_d}{2} = \frac{\delta_d}{2}\left[\frac{1}{\sin\frac{\alpha}{2}} - 1\right]$$

③ 当键槽深度按照 A_3 标注时，定位基准是工件外圆（$\phi d_{-\delta_d}^{\ 0}$）的轴线，工序基准是工件外圆的上母线，两者不重合，则基准不重合误差等于两者联系尺寸 $\left[\left(\frac{d}{2}\right)_{-\frac{\delta_d}{2}}^{\ 0}\right]$ 的公差，即

$$\Delta_B = \frac{\delta_d}{2}$$

工件以外圆在"V"形块上定位，基准位移误差为

$$\Delta_Y = \frac{\delta_d}{2\sin\frac{\alpha}{2}}$$

基准不重合误差和基准位移误差都不等于 0，且工序基准在定位基面上，需要判断"±"号。

当定位基面（工件的外圆）的直径由大变小时，定位基准（工件外圆的轴线）由上向下移动；保持定位基准不动，让定位基面的直径由大变小，工序基准（工件外圆的上母线）也由上向下移动。因为两者变化方向相同，所以定位误差为

$$\Delta_D = \Delta_Y + \Delta_B = \frac{\delta_d}{2\sin\frac{\alpha}{2}} + \frac{\delta_d}{2} = \frac{\delta_d}{2}\left[\frac{1}{\sin\frac{\alpha}{2}} + 1\right]$$

根据上述三种定位误差的计算分析，有

$$\Delta_D(A_2) < \Delta_D(A_1) < \Delta_D(A_3)$$

故控制轴类零件键槽深度的尺寸多从下母线标注。当"V"形块两斜面的夹角 $\alpha = 90°$ 时，三种不同标注方法的定位误差见表 2-7。

表 2-7 不同标注方法时槽深的定位误差

序号	工序基准	Δ_B	Δ_Y	Δ_D	$\alpha=90°$时的Δ_D
1	轴线	$\Delta_B=0$	$\Delta_Y=\dfrac{\delta_d}{2\sin\dfrac{\alpha}{2}}$	$\Delta_D=\Delta_Y$	$\Delta_D=0.707\delta_d$
2	下母线	$\Delta_B=\dfrac{\delta_d}{2}$		$\Delta_D=\Delta_Y-\Delta_B$	$\Delta_D=0.207\delta_d$
3	上母线	$\Delta_B=\dfrac{\delta_d}{2}$		$\Delta_D=\Delta_Y+\Delta_B$	$\Delta_D=1.207\delta_d$

【例 2-9】 某叶轮加工定位方式如图 2-76 所示,工件以 $\phi80\pm0.05$ mm 的外圆在定位元件 $\phi80^{+0.10}_{+0.07}$ mm 止口中定位,加工均匀分布的 4 槽,试求槽的对称度的定位误差。

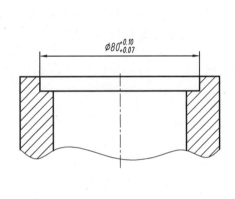
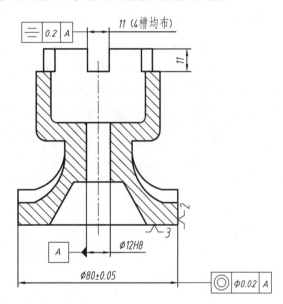

图 2-76 工件的定位

解 槽的对称度的工序基准是 $\phi12H8$ 的轴线,定位基准是 $\phi80\pm0.05$ mm 外圆的轴线,两者有同轴度误差,则基准不重合误差为

$$\Delta_B = 0.02 \text{ mm}$$

工件与定位元件间隙配合,而定位元件竖直放置,构成任意边接触,则基准位移误差为

$$\Delta_Y = \delta_D + \delta_d + X_{\min} = (0.03+0.1+0.02)\text{mm} = 0.15 \text{ mm}$$

又工序基准不在定位基面上,则定位误差为

$$\Delta_D = \Delta_Y + \Delta_B = (0.02+0.15)\text{mm} = 0.17 \text{ mm}$$

因为定位误差远远大于对称度公差的 $\dfrac{1}{3}$,故该定位方案难以满足加工要求。

2.4 定位装置的设计

前面三节介绍了工件的定位原理、常用定位元件的选用及定位误差的计算,那么实施一个定位方案,还需要最终确定相关的定位元件规格或进行结构设计,这就属于完整的定位装置设计过程。

1. 定位装置的设计步骤

首先,需要根据工件工序的加工要求,进行限制自由度分析,确定限制自由度的数目、定位形式;其次,根据工件的结构特点和工序尺寸要求,确定工件的定位基面和定位基准;再次,选择定位元件,若定位元件中已有的标准件能够满足要求,则直接确定规格,否则需要进行结构设计;最后,分析定位方案是否合理,倘若不合理,则需要重新确定定位方案。定位装置的设计过程可以参照图 2-77 所示的流程。

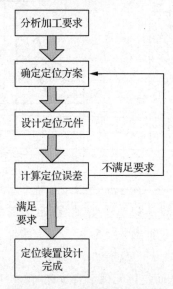

图 2-77 定位装置设计流程图

2. 定位装置设计须遵循的原则

夹具的定位装置用以确定被加工零件与刀具及其导向的相对正确位置,承受被加工零件的重力和夹紧力,有时候还要承受切削力,其尺寸、结构、精度和布置方式直接影响被加工零件的精度。因此,设计夹具定位装置时必须遵循以下原则:

① 遵循工件定位的六点原则,防止出现欠定位的原则性错误。

② 选择合理的定位基准,力求与工艺基准重合,并尽量与设计基准重合,以减小定位误差,获得最大的加工允差,降低夹具的制造精度。当定位基准和工艺基准或设计基准不重合时,需要进行必要的加工尺寸及允差的换算。

③ 合理布置定位支承元件,选择工件上最大的平面或最长的圆柱面或圆柱轴线作为

定位基准,力求提高定位精度,并使定位稳定、可靠。

④ 尽量使定位支承元件接近夹紧力的作用线,并保证夹紧力的合力中心处于定位支承面范围以内。

⑤ 确保定位支承元件的强度和刚度,减少定位装置的变形,力求使定位元件(如定位销)不受力。

⑥ 确保定位装置具有较高的尺寸精度、配合精度、硬度和适中的表面粗糙度,并具有良好的耐磨性,以长期保持夹具的定位精度。

⑦ 确保定位支承部位的切屑能够可靠地被排除,而不会堵塞或黏附在定位装置上,保证定位的准确性和工作的可靠性。

⑧ 在工件各个加工工序中,力求采用同一基准,以避免因基准更换而降低工件各个表面相互位置的准确度。

⑨ 当铸、锻件以毛坯面作为第一道工序的基准时,应选用比较光整的表面作为基准面,避开冒口、浇口或分型面等凸起不平整的部位。

⑩ 在满足使用要求的前提下,定位元件的结构应尽量简单。

2.4.1 钢套钻孔工序定位装置的设计

如图 2-78 所示,钢套零件 $\phi 45$ mm 的外圆面、$\phi 30^{+0.021}_{\ 0}$ mm 的内孔及左右端面均已经加工完毕,现要求设计钻削加工 $\phi 6^{+0.012}_{\ 0}$ mm 孔工序的定位装置。

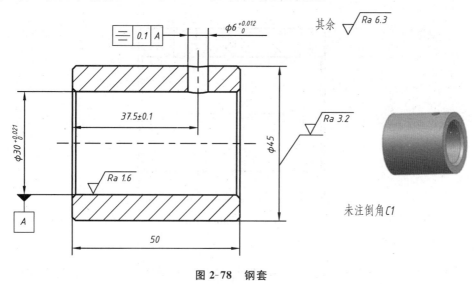

图 2-78 钢套

1. 分析加工要求

钻削加工 $\phi 6^{+0.012}_{\ 0}$ mm 孔工序位于车削零件端面、外圆及内孔工序之后。待加工孔直径为 $\phi 6^{+0.012}_{\ 0}$ mm,距离工件的左端面(37.5 ± 0.1)mm,其轴线与 $\phi 30^{+0.021}_{\ 0}$ mm 内孔轴线的对称度公差不超过 0.1 mm。

建立工件空间直角坐标系,如图 2-79 所示,要想保证上述加工要求,需要限制工件的

$\vec{X}$、$\overleftrightarrow{X}$、$\vec{Y}$、$\vec{Z}$、$\overleftrightarrow{Z}$ 五个自由度，工件的 $\vec{Y}$ 自由度可以不限制，即采用不完全定位形式。

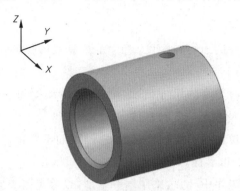

图 2-79　工件坐标系

2. 确定定位方法

工件的主要表面有外圆面、内孔和左右端面，这些表面都有作为定位基面的可能。遵循定位基准与工序基准尽量重合的原则，应该首选工件的 $\phi 30^{+0.021}_{0}$ mm 内孔与左端面作为定位基面，定位形式为组合定位。

采用长孔与小端面组合定位形式，即选取工件的 $\phi 30^{+0.021}_{0}$ mm 内孔为主要定位基面，限制工件的 $\vec{X}$、$\vec{Z}$、$\overleftrightarrow{X}$、$\overleftrightarrow{Z}$ 四个自由度；选取工件的左端面为次要定位基面，限制工件的 $\vec{Y}$ 自由度，定位示意图如图 2-80 所示。

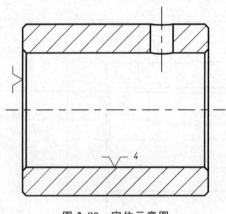

图 2-80　定位示意图

3. 设计定位元件

在工件的 $\phi 30^{+0.021}_{0}$ mm 内孔布置销轴支承定位，销轴的外圆柱面限制工件的 $\vec{X}$、$\vec{Z}$、$\overleftrightarrow{X}$、$\overleftrightarrow{Z}$ 四个自由度；销轴的台阶面限制工件的 $\vec{Y}$ 自由度，定位方案如图 2-81 所示。

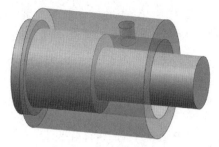

图 2-81 定位方案

定位元件选取带台阶面的销轴(便于排屑),如图 2-82 所示,销轴的台阶面 2 与工件的左端面接触,销轴的中间轴段 1 与工件的 $\phi 30^{+0.021}_{0}$ mm 内孔支承。现需要确定相关结构的尺寸,销轴与工件的 $\phi 30^{+0.021}_{0}$ mm 内孔采用 H7/g6 间隙配合,故销轴的中间轴段 1 的尺寸为 $\phi 30^{-0.007}_{-0.020}$ mm,左端轴段的尺寸为 $\phi 36$ mm。需要注意的是,这并不是销轴的最终结构,定位元件销轴的结构还需要根据后续环节(如夹紧装置设计等)做进一步的完善。

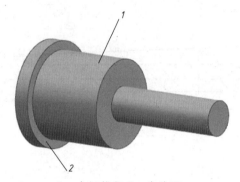

1—中间轴段;2—台阶面。

图 2-82 销轴

4. 计算定位误差

采用专用夹具装夹工件,定位误差一般应控制在相应工序尺寸公差的 $\dfrac{1}{3}$ 以内,这样才能满足加工要求。下面通过计算相关定位误差来检验定位方案的合理性。

(1) 工序尺寸的定位误差

对于工序尺寸 (37.5 ± 0.1) mm,工序基准是工件的左端面,定位基准也是工件的左端面,两者重合,则基准不重合误差为

$$\Delta_\mathrm{B}=0$$

工件以平面定位,则基准位移误差为

$$\Delta_\mathrm{Y}=0$$

所以,工序尺寸 (37.5 ± 0.1) mm 的定位误差 $\Delta_\mathrm{D}=0$,符合要求。

(2) 对称度的定位误差

对称度的工序基准是工件 $\phi 30^{+0.021}_{0}$ mm 内孔的轴线,定位基准也是内孔 $\phi 30^{+0.021}_{0}$ mm 的轴线,两者重合,故基准不重合误差为

$$\Delta_B = 0$$

工件内孔与销轴采用间隙配合,销轴水平布置,构成固定单边接触,则基准位移误差为

$$\Delta_Y = 0.5(\delta_D + \delta_d) = 0.5 \times (0.021 + 0.013)\,\text{mm} = 0.017\,\text{mm}$$

故定位误差为

$$\Delta_D = \Delta_Y = 0.017\,\text{mm}$$

对称度的定位误差小于其公差值 0.1 的 $\dfrac{1}{3}$,符合要求。

综上所述,该定位方案合理,能够满足加工要求。

2.4.2 连杆铣削端面工序定位装置的设计

连杆零件如图 2-83 所示。要求粗铣连杆的上、下端面,并留 0.5 mm 的精加工余量。工件毛坯为铸件,材料为 20CrMnMo,批量为 600 件,设计铣削端面的定位装置。

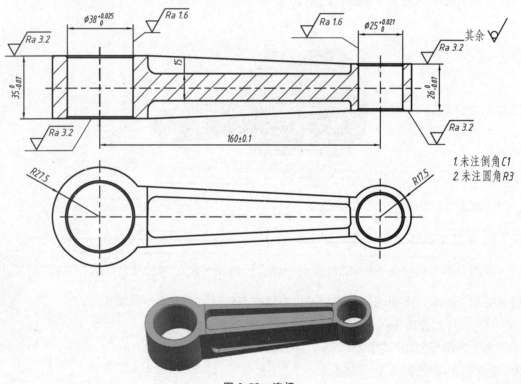

图 2-83 连杆

1. 分析加工要求

连杆为铸件,$\phi 55$ mm 大头、$\phi 35$ mm 小头的外圆柱面和 $\phi 38^{+0.025}_{0}$ mm、$\phi 25^{+0.021}_{0}$ mm 的内孔均为毛坯,所以铣削上、下端面为第一道机加工工序。连杆大头高度尺寸为 $35^{\,0}_{-0.07}$ mm,小头高度尺寸为 $26^{\,0}_{-0.07}$ mm,同一侧加工面不处于同一平面,为台阶面,且位置尺寸对称,要求留精加工余量 0.5 mm。

建立连杆工件坐标系,如图 2-84 所示,为了使连杆上、下端面平行,应限制工件的 $\vec{X}$、

$\vec{Z}$ 两个自由度;为保证大小头高度尺寸,应限制 $\vec{Y}$ 一个自由度。因此,理论上只需要消除工件的 $\vec{Y}$、$\vec{X}$、$\vec{Z}$ 三个自由度即可。为了提高支承刚度,实际限制自由度的数目可以大于三个。

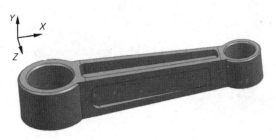

图 2-84　工件坐标系

2. 确定定位方法

工件的主要表面有大小头端面、内孔及外圆柱表面。连杆大小头内孔为毛坯孔,不适宜做定位基准,应该不予考虑。虽然大小头外圆柱面也是毛坯面,但选用"V"形块作为定位元件时,可以忽略外圆毛坯面的不利因素,因为"V"形块具有对中性这一显著优点。加工连杆上端面时,可以选用下端面作为定位基准。同理,加工连杆下端面时,可以选用上端面作为定位基准。

综上所述,选用连杆的端面和大小头外圆柱面作为定位基面,这种定位方式称为"一面两弧"联合定位方式,属于完全定位。又连杆大头和小头端面不在同一平面上,故需要采用台阶平面定位。铣削上端面定位示意图如图 2-85 所示,选用工件底侧的台阶端面作为定位基面,限制工件的 $\vec{Y}$、$\vec{X}$、$\vec{Z}$ 三个自由度;选用工件ϕ55 mm 大头外圆柱面作为定位基面,限制 $\vec{X}$、$\vec{Z}$ 两个自由度;选用工件ϕ35 mm 小头外圆柱面作为定位基面,限制工件的 $\vec{Y}$ 自由度。铣削加工完上端面后,将工件反面翻转过来,以上端面为基准,保持定位方案不变,继续铣削下端面直至完成加工。

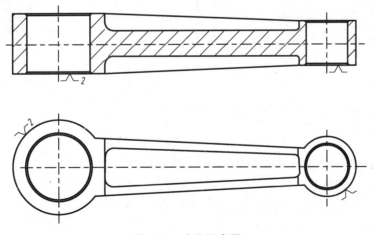

图 2-85　定位示意图

3. 设计定位元件

选用两个高度不同的定位套分别支承连杆大小头下端面,严格限制高度尺寸,避免出现过定位现象。$\phi55$ mm 大头外圆柱面采用固定"V"形块支承,$\phi35$ mm 小头外圆柱面采用活动"V"形块定位,定位元件布置图如图 2-86 所示。

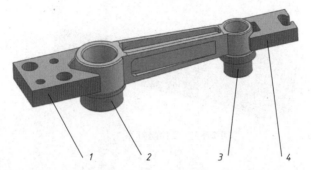

1—固定"V"形块;2—左定位套;3—右定位套;4—活动"V"形块。

图 2-86 定位元件布置图

(1) 定位套

支承连杆下侧台阶面的两个定位套属于非标准件,需要设计结构尺寸。连杆 $\phi38^{+0.025}_{0}$ mm 孔的端面采用左定位套支承,如图 2-87 所示。定位套另一端压在夹具体里,与夹具体的座孔采用 H7/n6 配合。

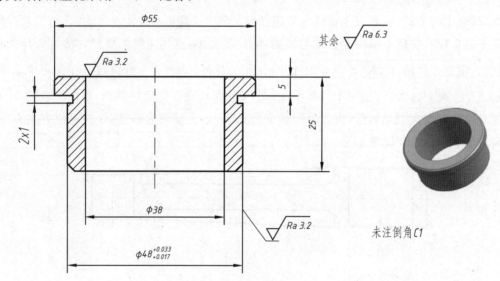

图 2-87 左定位套

连杆 $\phi25^{+0.021}_{0}$ mm 孔的端面采用右定位套支承,如图 2-88 所示。定位套另一端压在夹具体里,与夹具体的座孔也采用 H7/n6 配合。

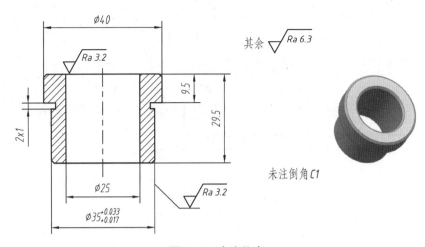

图 2-88 右定位套

(2)"V"形块

连杆φ55mm 大头外圆柱面选用固定"V"形块(JB/T 8018.2—1999)支承,参照外圆尺寸φ55 mm,选用"V"形块 A55 规格,如图 2-89 所示。固定"V"形块通过销、螺钉固定在夹具体上。

连杆φ35 mm 小头外圆柱面选用活动"V"形块(JB/T 8018.4—1999)支承,参照小头外圆尺寸φ35 mm,选用 A32 规格,如图 2-90 所示。活动"V"形块由螺杆推动,限制工件的转动自由度,并起到夹紧作用。

图 2-89 固定"V"形块

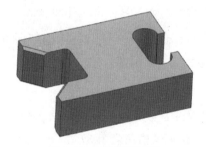

图 2-90 活动"V"形块

4. 计算定位误差

铣削加工连杆上端面时,选用下端面作为定位基准,工序基准与定位基准重合,基准不重合误差 $\Delta_B=0$;工件以平面定位,基准位移误差 $\Delta_Y=0$。所以大头高度尺寸的定位误差 $\Delta_D=0$。同理,小头高度尺寸的定位误差 $\Delta_D=0$。故定位方案满足要求。

2.4.3 套筒铣槽工序定位装置的设计

套筒零件如图 2-91 所示,除了两键槽外,其他表面均已经加工完成,现要求设计铣槽工序的定位装置。

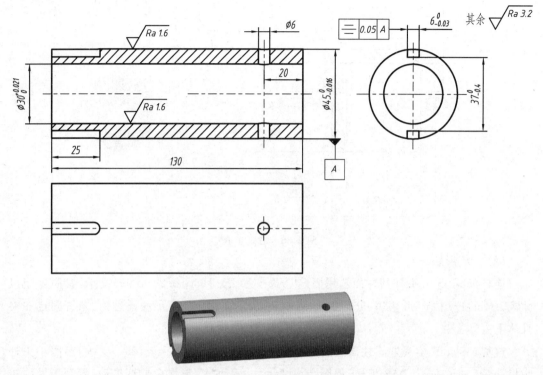

图 2-91 套筒零件

1. 分析加工要求

套筒零件 $\phi 45_{-0.016}^{0}$ mm 外圆、$\phi 30_{0}^{+0.021}$ mm 内孔及 $\phi 6$ mm 孔均已加工完成。两个键槽周向上对称布置,其对称中心面通过 $\phi 6$ mm 孔的轴线,键槽长度为 22 mm,宽度为 $6_{-0.030}^{0}$ mm,深度为 $37_{-0.4}^{0}$ mm,相对于工件 $\phi 45_{-0.016}^{0}$ mm 外圆轴线的对称度公差不超过 0.05 mm,它为最后一道工序。

建立工件坐标系,如图 2-92 所示。要保证键槽长度为 22 mm,需要限制工件的 $\vec{Z}$ 自由度;要保证键槽深度为 $37_{-0.4}^{0}$ mm,需要限制 $\vec{Y}$、$\vec{X}$、$\vec{Z}$ 三个自由度;要满足对称度要求,需要限制工件 $\vec{X}$、$\vec{Y}$ 两个自由度,工件需要完全定位。

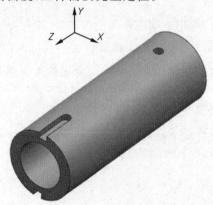

图 2-92 工件坐标系

工件的主要表面有外圆、内孔、端面及小孔。遵循定位基准与工序基准尽量重合的原则，首选工件的左端面、外圆及小孔作为定位基面。工件的外圆柱面作为主要定位基面，在"V"形块上长接触定位，消除 $\vec{X}$、$\vec{Y}$、$\hat{X}$、$\hat{Y}$ 四个自由度；工件的左端面采用大平面支承板定位，消除 $\vec{Z}$、$\hat{X}$、$\hat{Y}$ 三个自由度；工件的 $\phi6$ mm 孔最终消除 $\hat{Z}$ 自由度。工件的 $\hat{X}$、$\hat{Y}$ 被重复定位，考虑到工件的外圆与端面都是精加工面，精度较高，这种过定位是允许的，定位示意图如图 2-93 所示。

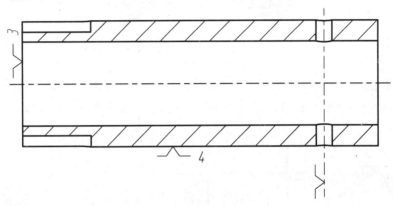

图 2-93　定位示意图

2．确定定位方案

定位方案如图 2-94 所示。工件的左端面采用支承板定位，消除 $\vec{Z}$、$\hat{X}$、$\hat{Y}$ 三个自由度；工件外圆在一对"V"形块上定位，消除 $\vec{X}$、$\vec{Y}$、$\hat{X}$、$\hat{Y}$ 四个自由度；工件的 $\phi6$ mm 孔插入一个挡销，消除 $\hat{Z}$ 自由度。

3．设计定位元件

根据上述定位方案，结合夹具后续其他元件的设计，确定定位装置，如图 2-95 所示，其中夹具体的立板右端面作为支承板使用。

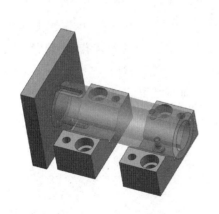

图 2-94　定位方案

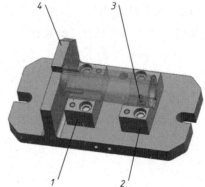

1—左"V"形块；2—右"V"形块；3—挡销；4—夹具体。

图 2-95　定位装置

套筒铣槽定位装置的设计

参照工件的外圆直径 $\phi45_{-0.016}^{0}$ mm，选取两个固定"V"形块 42（JB/T 8018.1—1999），其中 1 个布置在工件的左端，右端的"V"形块需要先加工出 $\phi8_{0}^{+0.015}$ mm 孔，以便安装挡销。

2个"V"形块如图2-96所示。

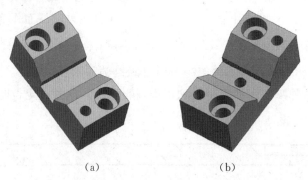

图 2-96 "V"形块

参照标准定位销的结构尺寸设计挡销,如图2-97所示。其非工作部位压入右端"V"形块的$\phi 8^{+0.015}_{0}$ mm孔,工作部位插入工件的$\phi 6$ mm孔,消除工件的$\vec{Z}$自由度。

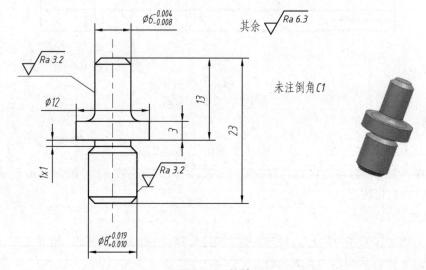

图 2-97 挡销

选用夹具体的立板右端面作为工件左端面的支承面,采用HT150材料,抗振性能和切削性能好,结构尺寸如图2-98所示。夹具体上应留出安装"V"形块的安装孔,安装"V"形块时先用$\phi 8$ mm的圆柱销将其与夹具体定位,再用M10×30的螺钉紧固。

夹具体的立板右端面与安装"V"形块的基面 A 给出了垂直度要求,以保证铣削键槽的加工精度要求。

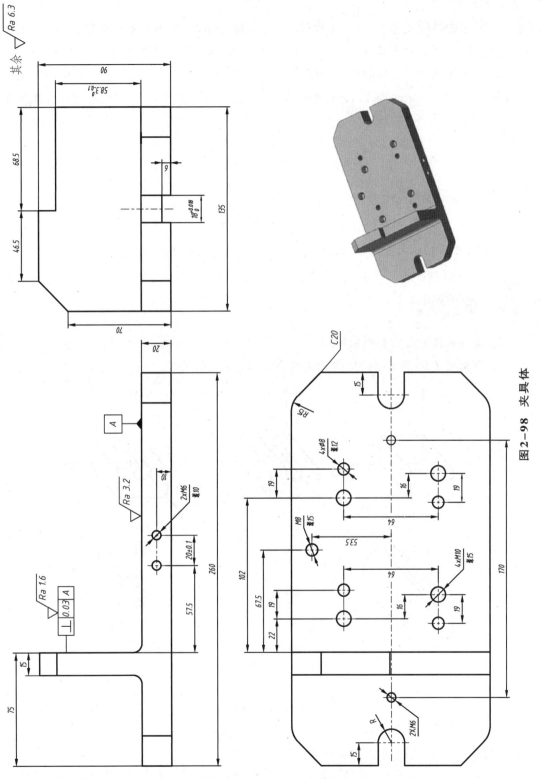

图2-98 夹具体

4. 计算定位误差

① 键槽的宽度 $6_{-0.030}^{0}$ mm 由定尺寸刀具保证,不需要计算定位误差。

② 对于键槽的长度 22 mm，工序基准与定位基准重合，基准不重合误差 $\Delta_B=0$。工件以平面定位，基准位移误差 $\Delta_Y=0$。所以工序尺寸 22 mm 的定位误差 $\Delta_D=0$，符合要求。

③ 对于键槽的对称度要求，工序基准是工件外圆 $\phi 45_{-0.016}^{0}$ mm 的轴线，定位基准也是工件外圆 $\phi 45_{-0.016}^{0}$ mm 的轴线，则基准不重合误差 $\Delta_B=0$。工件在"V"形块上定位，则基准位移误差为

$$\Delta_Y = \frac{\delta_d}{2\sin\frac{\alpha}{2}} = \frac{0.016}{2\sin 45°} \text{ mm} = 0.011 \text{ mm}$$

故对称度的定位误差为

$$\Delta_D = \Delta_Y = 0.011 \text{ mm}$$

对称度的定位误差小于其公差的 $\frac{1}{3}$，故此定位方案满足要求。

练习

1. 工件定位的形式有哪几种？
2. 分析图 2-99 所示各个工件加工需要限制自由度的情况。

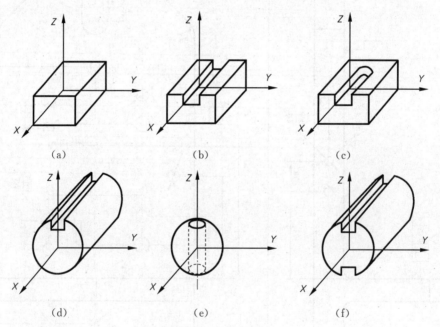

图 2-99 工件的加工

3. 说明支承钉与支承板分别在什么情况下采用。
4. 可调支承与辅助支承的区别在什么地方？
5. 工件以内孔定位时，采用心轴作为定位元件与采用圆柱销作为定位元件有何不同？
6. 工件以外圆柱面作为定位基面，常选用"V"形块作为定位元件，为什么？
7. 工件采用一面两孔定位方法时，相应的定位元件常采用大平面支承板、圆柱销、菱

形销组合定位,为什么?

8. 工件定位时可不可以采用不完全定位形式?

9. 欠定位形式允许出现在工件的定位过程中吗?

10. 过定位是否可以出现在工件的定位中?试阐明原因。

11. 应该采取何种措施来避免出现过定位?

12. 定位元件选用的要求有哪些?

13. 说明图 2-100 所示各个定位元件限制自由度的情况,若不合理,应怎样改进?

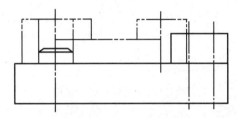

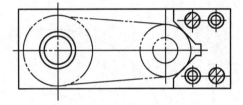

图 2-100 工件的定位

14. 如图 2-101 所示,加工工件上有Ⅰ、Ⅱ、Ⅲ三个小孔,分别计算三种定位方案的定位误差并说明哪个定位方案好。("V"形块的夹角为 $90°$)

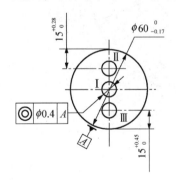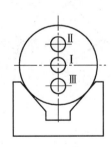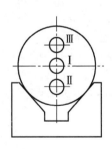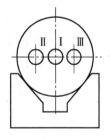

图 2-101 工件的定位

15. 工件铣键槽采用的定位方案如图 2-102 所示,试验算定位方案能否满足要求。

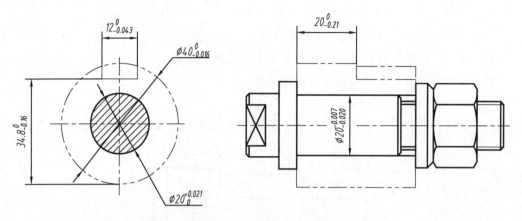

图 2-102 工件加工示意图

16. 轴承盖以端面和 $\phi 72^{+0.030}_{0}$ mm 孔、$\phi 7^{+0.1}_{0}$ mm 孔定位,如图 2-103 所示,试计算圆柱销、菱形销的中心距及各自尺寸。

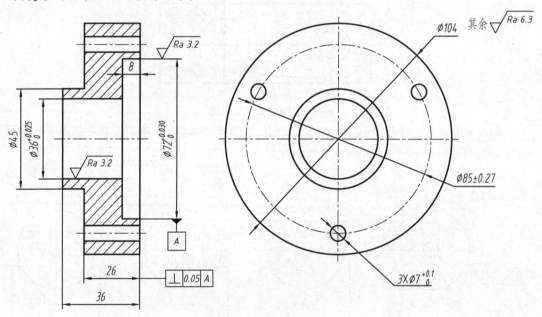

图 2-103 圆盘铣槽

17. 工件以 $\phi 40^{-0.025}_{-0.087}$ mm 外圆柱面在"V"形块上定位,如图 2-104 所示,要求计算工序尺寸(74±0.1) mm 的定位误差。

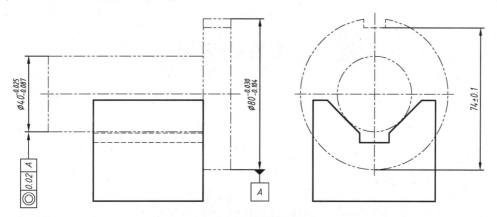

图 2-104　工件铣槽加工示意图

18. 套筒工件铣槽如图 2-105 所示,要求保证尺寸 $54^{\,0}_{-0.14}$ mm 和对称度要求,现有 3 种定位方案,试进行分析,确定合理的定位方案。

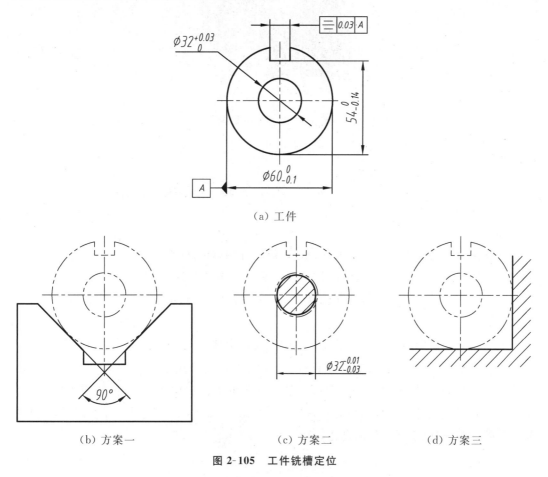

(a) 工件

(b) 方案一　　　(c) 方案二　　　(d) 方案三

图 2-105　工件铣槽定位

3 工件的夹紧

如图 3-1 所示的套筒零件,采用带小端面的销轴与之定位。在正式加工之前还需要进行结构改进,通过夹紧装置来保证工件的定位不受破坏。试问:应该采取怎样的夹紧措施?

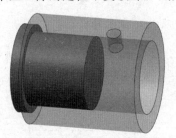

图 3-1 套筒定位情况

 3.1 夹紧装置的组成

工件在加工过程中会受到切削力、重力、振动等因素的影响,如果不对其夹紧、压牢,则原来的定位可能被破坏,夹紧装置的作用就是保证工件的定位在加工过程中还能处于正确的位置。工件通过定位与夹紧共同配合,才能够完成工件的装夹动作,这也是实现正确加工的前提条件。

下面以图 3-2 为例来介绍夹紧装置的组成及各个部分元件或机构的作用。图 3-2 中,气缸 4 的活塞杆伸出,带动斜楔 3 左行,而斜楔的工作面与压板 1 右侧的滚轮 2 相接触。由于斜楔工作面的结构特点,斜楔左行会造成压板的右侧滚轮抬起,致使压板的左侧工作面向下运动,紧紧压住工件,完成对工件的夹紧动作。相反,当气缸活塞杆缩回时,压板左侧工作面抬起,完成松开工件的动作。

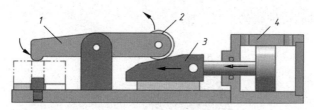

1—压板；2—滚轮；3—斜楔；4—气缸。

图 3-2 工件夹紧示意图

通过上述例子可以得知，夹紧装置主要包括力源、传力机构、夹紧元件等部分。力源提供夹紧工件的原始动力，此例中力源由气缸来实现。除了气动力源外，还有液压、电动等力源，而手动夹紧方式则由操作者提供原始动力。传力机构介于力源与夹紧元件之间，用于改变力源产生的原始作用力的大小和方向，并将作用力传递给夹紧元件，本例中传力机构由斜楔机构实现。夹紧元件直接作用于工件，完成最后的夹紧动作，主要有各种压板、压块等元件，本例中夹紧元件为压板。需要注意的是，有些夹紧装置中没有传力机构，如螺旋夹紧装置。

采用螺栓、螺母、压板等组成的手动夹紧装置最为常见，除此之外，还有采用液压、气动、电磁等动力夹紧装置。手动夹紧采用"↓"符号表示，标注在视图的轮廓线上，符号的尖端指向被夹紧面，其他夹紧符号及表示方法见附录3。

夹紧装置要求具有正确、可靠、简单及快速的性能和特点。正确是指夹紧装置不能破坏工件原来的定位；可靠是指夹紧装置要能够对工件施加可靠、适宜的夹紧力；简单是指夹紧装置结构尽量简单，易于制造，易于实施；快速是指夹紧装置夹紧工件要快速、方便，这样才能发挥批量生产采用专用夹具的优势。

夹紧装置对工件施加夹紧，夹紧力最为关键，它影响到夹紧质量的高低，以及夹紧任务能否顺利完成。设计夹紧装置时应该先确定夹紧力的作用方向、夹紧力的作用点和夹紧力的大小，下面就从这三个方面来分别介绍。

3.1.1 夹紧力的作用方向

1. 夹紧力的方向应垂直于主要定位基面

夹紧力的方向与工件的受力方向、工件的刚性及装夹方式都有关。夹紧力的方向不应破坏工件定位的准确性和可靠性，所以夹紧力的方向最好朝向主要定位基准，把工件压向定位元件的主要限位基面上，这样才能保持住工件的正确位置。

当工件有多个定位基面，且工件自身结构尺寸及重量较大时，夹紧力的方向应朝向各个定位基面。当工件结构尺寸不大，且切削力较小时，夹紧力的方向最好垂直于主要定位基面。

如图3-3所示，对工件进行镗孔加工。选取工件的 A 面和 B 面作为定位基面，A 面和 B 面理论上应垂直，实际加工后会有一定的夹角误差。考虑到所要加工孔的轴线与工件 A 面有垂直度要求，故应选取 A 面作为主要定位基面。夹紧力 W 的作用方向若垂直于工件

A 面,则有利于达到孔的轴线的垂直度要求。

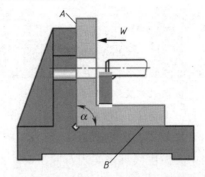

图 3-3　夹紧力方向垂直于主要定位基面

如果夹紧力 W 的作用方向垂直于工件 B 面,如图 3-4 所示,所镗的孔则很难达到相对于端面 A 的垂直度要求。

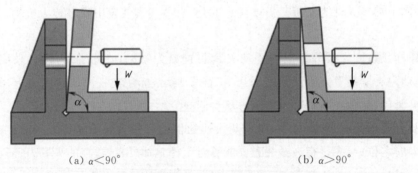

(a) $\alpha<90°$　　　　　　　　　　　(b) $\alpha>90°$

图 3-4　夹紧力方向不垂直于主要定位基面

因此,确定夹紧力的作用方向时首先要厘清工件的主要定位基面与次要定位基面。不论是对工件施加一个夹紧力还是施加多个夹紧力,夹紧力的作用方向应尽可能垂直于主要定位基面。该措施能够把工件压向定位元件的主要限位基面,从而较好地保证工件定位的可靠性和准确性。

当工件以外圆柱面在"V"形块上定位时,因为"V"形块的两斜面与工件的外圆柱面接触,这时候夹紧力的分力方向应垂直于"V"形块的两个工作斜面,如图 3-5 所示。

2. 采取的夹紧力方向应使夹紧力较小

当夹紧力 W 的作用方向与重力 G、切削力 F 同向时,工件所需要的夹紧力 W 最小,如图 3-6 所示,此时有利于减小夹紧力,简化夹紧装置,工件受力变形的可能性最小。若采用人工手动实施夹紧,操作者的劳动强度也较低。

图 3-7 所示为工件不同的受力情况,显然图 3-7(a)所示的情况最为合理,此时夹紧力最小;图 3-7(f)所示的情况最为恶劣,此时所需要的夹紧力也最大。

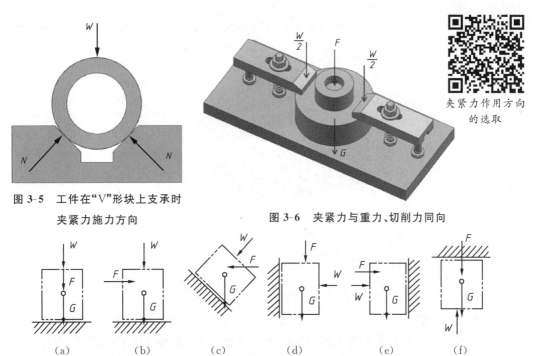

图 3-5　工件在"V"形块上支承时夹紧力施力方向

图 3-6　夹紧力与重力、切削力同向

夹紧力作用方向的选取

图 3-7　夹紧力、切削力与重力的关系

对于图 3-8 所示的工件，分别需要钻削孔 A 和镗削孔 B。当钻削加工孔 A 时，夹紧力 W、重力 G 和竖直切削力 F_{CN} 三者方向相同，均垂直于主要限位基面，为支承反力 N 所平衡。钻削加工时的转矩 M 由上述三种同向力作用在限位基面上的摩擦阻力矩所平衡，此时所需的夹紧力 W 最小。而镗削孔 B 时，水平切削力 F_D 的方向与夹紧力 W、重力 G 的方向相垂直，此时只能依靠夹紧力 W、重力 G 在限位基面上产生的摩擦力来平衡，故所需的夹紧力远大于切削力。若采用一面两销定位，由于两定位销反力矩的存在，则夹紧力得以减小。

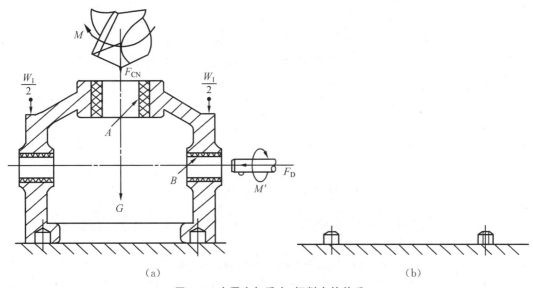

图 3-8　夹紧力与重力、切削力的关系

实际加工中如果夹紧力不方便与切削力同向,如图 3-9 所示,夹紧力与切削力垂直,可在与切削分力相对的方向设置止推元件来承受切削力。

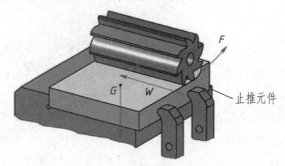

图 3-9　设置止推元件

3.1.2　夹紧力的作用点

1. 夹紧力的作用点应落在支承范围内

施加夹紧时夹紧力作用点的位置如果不合理,会造成工件夹紧变形或支承位置变动。如图 3-10(a)所示,夹紧力作用点偏向支承位置右侧,可能导致工件翘起,本例中应该直接作用于支承钉处[图 3-10(b)]。

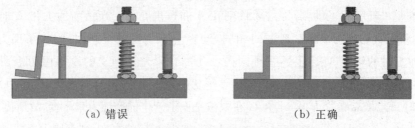

(a) 错误　　　　　　　　　　　(b) 正确

图 3-10　夹紧力作用点落在支承部位

2. 夹紧力的作用点应落在工件刚性好的部位

施加夹紧力时,夹紧力的作用点应落在工件刚性较好的部位。如图 3-11(a)所示,夹紧力作用点落在工件中间位置,此部位刚性较差,会造成工件变形,此例中可以改在工件两侧施加夹紧力[图 3-11(b)]。

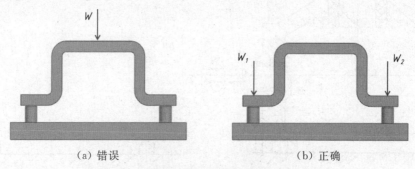

(a) 错误　　　　　　　　　　　(b) 正确

图 3-11　夹紧力作用点落在工件刚性好的部位

如图 3-12 所示,薄壁套筒的轴向刚度比径向刚度好。如图 3-12(a)所示,直接采用卡爪对工件进行夹紧,会导致工件受径向力作用而变形;若改用图 3-12(b)所示方式,将径向夹紧改为轴向夹紧,则工件的变形会小很多。

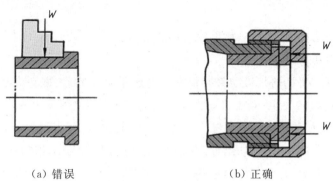

(a) 错误　　　　　　　　　(b) 正确

图 3-12　径向夹紧改为轴向夹紧

减少工件受力变形还可以通过分散着力点或者增加夹紧件接触面积等措施。若直接单点夹紧,则容易造成工件变形;而通过分散着力点,工件的变形将得到有效改善,如图 3-13(a)所示。薄壁套筒工件若采用普通卡爪夹紧,受力后容易变形;若改用宽卡爪夹紧工件,并且对称布置,由于增加了夹紧接触面积,工件的变形将会得到缓解,如图 3-13(b)所示。图 3-13(c)所示则是通过增加压块接触的形式。图 3-13(d)则是通过增加垫环接触的形式来减小工件因为受到夹紧力作用而产生的变形。

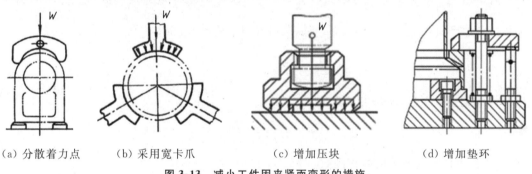

(a) 分散着力点　　(b) 采用宽卡爪　　(c) 增加压块　　(d) 增加垫环

图 3-13　减小工件因夹紧而变形的措施

3. 夹紧力的作用点应靠近加工表面

施加夹紧力时夹紧力的作用点应靠近工件加工表面。如图 3-14 所示,加工表面距离工件质心较远,此时除了在工件质心部位施加主夹紧力 W_1 外,还应该在靠近加工表面处增加辅助夹紧力 W_2,以减小刀具切削振动的影响。

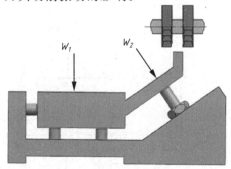

图 3-14　增加辅助夹紧力

3.1.3 夹紧力的大小

夹紧力大小要适中,过大有可能造成工件变形,过小则不能保证工件的加工位置,甚至因为工件松开发生伤害事故。

夹紧力的计算主要指的是机动夹紧情况。对于手动夹紧,一般不需要计算夹紧力,可凭人力来控制夹紧力的大小;对于机动夹紧(液压、气动、电磁等动力源),需要先估算夹紧力的大小,以便确定相关机构的主要参数尺寸(如液压缸的缸径、活塞杆的直径等)。

对照不同加工方法,应根据切削原理公式求出切削力的大小,有时候还需要考虑惯性力和离心力。工件重力、夹紧力和上述各种力要素共同构成力平衡,列出力平衡方程,即可求出理论上需要的夹紧力数值 F_W。在求出夹紧力的基础上再乘以安全系数 k,可得实际需要的夹紧力大小 F_{Wk},即

$$F_{Wk} = k F_W$$

对于粗加工,安全系数 k 一般取 2.5~3;对于精加工,k 取 1.5~2。

图 3-15 所示为工件铣削工况,当铣削到最大切削深度时,有引起工件绕支承翻转的可能,这是最不利的情况,应以此种情况作为计算夹紧力的依据。此时,翻转力矩为 FL;而阻止工件翻转的支承上的摩擦力矩为 $(F_{N2} f L_2 + F_{N1} f L_1)$,工件重力及压板与工件间的摩擦力可以忽略不计。当 $F_{N2} = F_{N1} = \dfrac{F_W}{2}$ 时,根据静力平衡条件,得

$$FL = \frac{F_W}{2} f L_1 + \frac{F_W}{2} f L_2$$

考虑到安全系数,所需夹紧力为

$$F_{Wk} = \frac{2kFL}{f(L_1 + L_2)}$$

式中,f 为工件与支承间的摩擦因数。

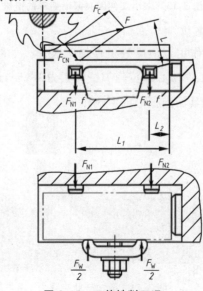

图 3-15 工件铣削工况

3.2 典型夹紧机构

实际应用中,夹具的夹紧机构种类繁多,复杂程度也不尽相同,但主要分为斜楔夹紧机构、螺旋夹紧机构、偏心夹紧机构、定心夹紧机构及联动夹紧机构等。

3.2.1 斜楔夹紧机构

斜楔夹紧机构是利用斜楔斜面移动产生的作用力对工件施加夹紧。如图 3-16 所示,工件的顶面和侧面分别需要钻削直径为 $\phi 8$ mm 和 $\phi 5$ mm 的孔。将工件置入夹具体后,敲击斜楔右侧大端,在斜面的作用下,斜楔会向左、向上移动。工件在斜楔的挤压下被紧紧地压在夹具体里。两孔钻削加工完成后,敲击斜楔左侧小端,斜楔会向右、向下移动,松开工件。

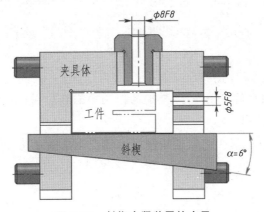

图 3-16 斜楔夹紧装置的应用

1. 斜楔夹紧力的计算

图 3-17(a)为在外力 F_Q 作用下斜楔的受力情况,建立静平衡方程,有

$$F_1 + F_{RX} = F_Q$$

又 $F_1 = F_J \tan\varphi_1$,$F_{RX} = F_J \tan(\alpha + \varphi_2)$,整理,得到

$$F_J = \frac{F_Q}{\tan\varphi_1 + \tan(\alpha + \varphi_2)}$$

式中:F_J 为斜楔对工件的夹紧力,单位为 N;α 为斜楔的升角,单位为(°);F_Q 为加在斜楔的外力,单位为 N;φ_1 为斜楔与工件间的摩擦角,单位为(°);φ_2 为斜楔与夹具体间的摩擦角,单位为(°)。

假设 $\varphi_1 = \varphi_2 = \varphi$,当 $\alpha \leq 10°$ 时,可近似得到

$$F_J = \frac{F_Q}{\tan(\alpha + 2\varphi)}$$

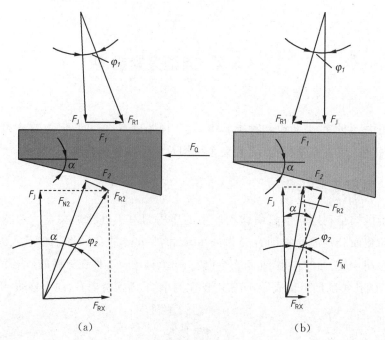

图 3-17 斜楔受力分析

2. 斜楔的自锁性

斜楔夹紧机构必须具备自锁性,即外加的作用力撤除后,斜楔夹紧机构还能够在摩擦力的作用下保持夹紧而不松开。

图 3-17(b)为外力 F_Q 撤去之后的斜楔受力情况。从图中可知,斜楔要满足自锁性要求,必须具备下列条件:

$$F_1 > F_{RX}$$

又因为 $F_1 = F_J \tan\varphi_1$,$F_{RX} = F_J \tan(\alpha - \varphi_2)$,代入上式,得到

$$\tan\varphi_1 > \tan(\alpha - \varphi_2)$$

当 α、φ_1、φ_2 较小时,简化得到

$$\alpha < \varphi_1 + \varphi_2$$

即斜楔满足自锁的条件为:斜楔的升角应小于斜楔与工件及斜楔与夹具体的摩擦角之和。实际应用中,一般取 $\varphi_1 = \varphi_2 = 5°\sim 7°$,故 $\alpha = 10°\sim 14°$ 时,斜楔夹紧机构具备自锁性能。对于手动斜楔夹紧机构,一般取 $\alpha = 6°\sim 8°$;对于机动斜楔夹紧机构,α 可以取得大一些,不要求自锁时可取 $\alpha = 30°$。

3. 斜楔夹紧机构的特点

斜楔夹紧机构主要有如下特点:

① 楔块夹紧机构能够改变夹紧作用力的方向。

② 楔块夹紧机构具有增力作用。

③ 楔块夹紧机构的夹紧行程小。

④ 楔块夹紧机构结构简单。

4. 斜楔应用举例

由于斜楔夹紧机构的作用力小、行程短,单独应用时费时费力,故很少独立使用,一般配合其他夹紧机构(螺旋夹紧机构或偏心夹紧机构等)使用,图 3-18 所示为采用气缸作为动力源的斜楔夹紧机构的例子。气缸活塞 1 下行,使楔块 3 推动滚子 4 右行,钩形压板 2 紧紧压在工件表面上,气缸活塞上行时,工件被松开。

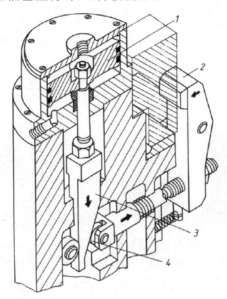

1—气缸活塞;2—压板;3—楔块;4—滚子。

图 3-18　气动斜楔夹紧机构

图 3-19 所示为斜楔夹紧机构联合螺旋夹紧机构应用的例子。通过旋转螺杆,推动楔块左行,进而带动压板夹紧工件。

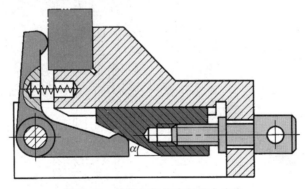

图 3-19　斜楔与螺旋夹紧配合应用

3.2.2　螺旋夹紧机构

螺旋夹紧机构在夹具手动夹紧装置中应用最多,主要包括普通螺旋夹紧机构、快速螺旋夹紧机构及螺旋压板组合夹紧机构等。

螺旋夹紧机构主要有如下特点:

① 自锁性能好。

② 增力比大($i\approx 75$)。

③ 夹紧行程调节范围大。

④ 夹紧动作慢,工件装卸费时。

1. 普通螺旋夹紧机构

普通螺旋夹紧机构依靠螺钉、螺母作用于工件表面来完成夹紧动作,如图 3-20 所示。在螺钉夹紧或松开过程中,工件因为与螺杆头部产生摩擦力而被带动一同转动,故一般将螺杆头部制成球面。

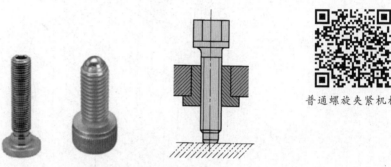

图 3-20 螺钉与螺钉夹紧示意图

为了减少螺杆头部对工件表面的破坏,可在其头部安装可以摆动的压块。这样,既避免工件随之转动,也有利于保护工件的受压面。如图 3-21 所示,螺杆 1 的头部安装有压块 4,螺杆 1 在螺母套 2 里转动,压块 4 压在工件表面,夹紧工件,止动螺钉 3 的作用是防止螺母套 2 随螺杆 1 转动。

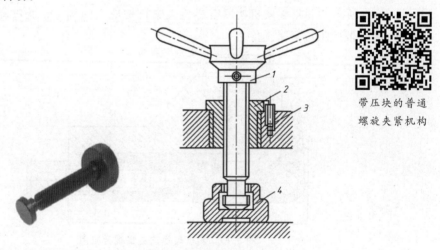

1—螺杆;2—螺母套;3—止动螺钉;4—压块。

图 3-21 带压块螺钉与夹紧示意图

根据工件表面精度的不同,压块主要分为光面压块、槽面压块等,均已标准化(JB/T 8009.1—1999、JB/T 8009.2—1999),如图 3-22 所示。图 3-22(a)所示为 A 型光面压块,适用于精加工表面的夹紧;图 3-22(b)所示为 B 型槽面压块,适用于毛坯面的夹紧。

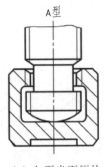
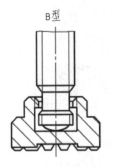

(a) A 型光面压块　　　　(b) B 型槽面压块

图 3-22　标准压块种类

2. 快速螺旋夹紧机构

采用螺钉夹紧工件比较费时，为了提高装卸效率，实际生产中常使用快速螺旋夹紧机构代替普通螺钉夹紧机构。

图 3-23 所示为采用开口垫圈的快速螺旋夹紧机构。工件的孔径比螺母外径大，松开夹紧机构时不需要将螺母完全卸掉，只松开些许距离，移走开口垫圈，这样工件即可穿过螺母被卸下。

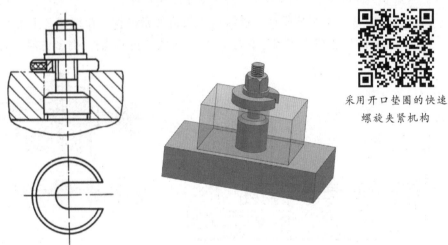

采用开口垫圈的快速螺旋夹紧机构

图 3-23　采用开口垫圈的快速夹紧机构

图 3-24 所示为采用斜孔螺母的快速夹紧机构。螺母的螺孔 2 内又倾斜钻出一孔径 ϕD 的光孔 1，ϕD 略大于工件螺纹外径 M。夹紧时螺母斜向沿着光孔套入工件螺杆部分，然后摆正锁紧螺母。松开工件时稍微拧松螺母，即可倾斜撤掉螺母而实现快撤动作。

图 3-25 所示为采用左右螺纹的快速夹紧机构。螺杆 5 上制出左右螺纹，转动手柄 4 可使左右钳口 2 与 3 同时接近或离开工件，达到快速装夹的效果。

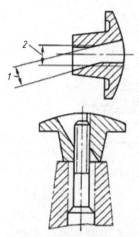

1—光孔；2—螺孔。

图 3-24 采用斜孔螺母的快速夹紧机构

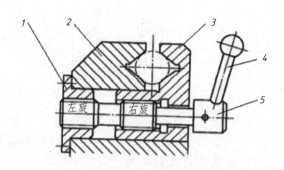

1—衬套；2—左钳口；3—右钳口；4—手柄；5—螺杆。

图 3-25 采用左右螺纹的快速夹紧机构

图 3-26 所示为采用垫块的快速夹紧机构。装上工件后推动手柄螺母 1，使螺杆连同前端压块 4 快速接近工件，然后摆动手柄 2 使垫块 3 进入图示工作位置，此时只要略为转动手柄螺母 1 即可夹紧工件，卸下工件时动作顺序相反。

图 3-27 所示为采用螺杆直槽结构的快速夹紧机构。在螺杆 2 上开有直槽结构，转动手柄，松开工件，再将直槽转至螺钉 1 处，即可快速拉回螺杆，夹紧工件时动作顺序相反。

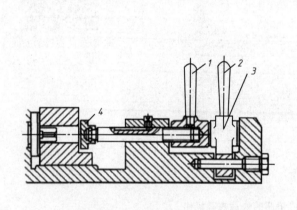

1—手柄螺母；2—手柄；3—垫块；4—压块。

图 3-26 采用垫块的快速夹紧机构

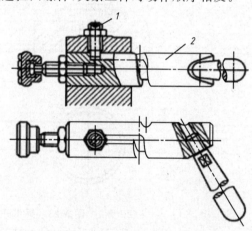

1—螺钉；2—螺杆。

图 3-27 采用螺杆直槽结构的快速夹紧机构

3. 螺旋压板组合夹紧机构

将螺旋夹紧件与各类压板组合使用，能够得到形式灵活的各类螺旋压板组合夹紧机构。图 3-28 所示分别为移动式压板、转动式压板及翻转式螺旋压板夹紧机构。

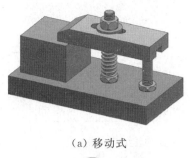
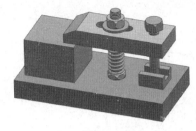
(a) 移动式 　　　　(b) 移动式

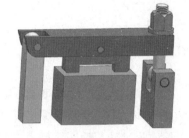
(c) 转动式 　　　　(d) 翻转式

图 3-28　螺旋压板夹紧机构

螺旋压板夹紧机构

采用压板可以提高工件的装夹效率，目前，部分压板已经标准化了。在实际生产中螺旋压板组合夹紧机构是应用最为广泛的螺旋夹紧机构，尤其是当工件的结构尺寸较大时，应该优先选用螺旋压板组合夹紧机构，图 3-29 所示为应用实例。

图 3-29　螺旋压板夹紧应用实例

3.2.3　偏心夹紧机构

1. 偏心夹紧机构的工作原理

偏心夹紧机构通过偏心件直接或间接作用于工件的表面而实现夹紧动作。偏心件主要有曲线偏心与圆偏心两种类型。曲线偏心制造复杂，使用较少；圆偏心可分为偏心轮和偏心轴，应用较多。

圆偏心轮工作原理如图 3-30 所示。圆偏心轮的外径为 D，C 点为圆偏心轮的几何中心，O 点为圆偏心轮的回转中心，两者的距离 e 即偏心距。当圆偏心轮绕着 O 点顺时针旋转时，回转中心到工件夹压表面的距离由 MO 逐渐增大到 NO，从而实现对工件夹紧。

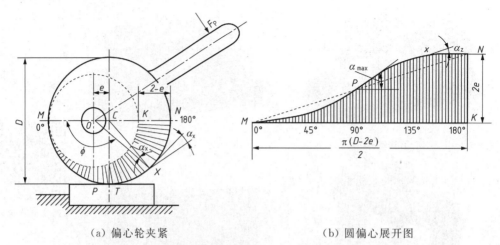

(a) 偏心轮夹紧　　　　　　(b) 圆偏心展开图

图 3-30　圆偏心轮工作原理

若以 O 点为圆心，MO 为半径画圆，偏心轮可以分为三个部分。其中，虚线部分是个"基圆"，半径值等于偏心轮半径与偏心距两者之间的差值。另外两个部分是两个相同的弧形楔，起夹紧作用的是画有射线的部分，因此圆偏心夹紧与斜楔夹紧类似。

当偏心轮的几何中心 C 点绕回转中心 O 点转动任意回转角 θ_X（工件夹压表面的法线与 CO 连线间的夹角）时，可求得任意点的升角：

$$\tan\alpha_X = \frac{e\sin\theta_X}{\dfrac{D}{2} - e\cos\theta_X}$$

当 $\theta_X = 90°$，$\tan\alpha_{max} = \dfrac{2e}{D}$。式中，$\alpha_{max}$ 为圆偏心轮的最大升角。

工作转角范围内的那段轮周称为圆偏心轮的工作段，实际应用时选取 $\theta_X = 45° \sim 135°$ 或者 $\theta_X = 90° \sim 180°$。

圆偏心轮的自锁条件与斜楔的自锁条件相同，即

$$\alpha_{max} < \varphi_1 + \varphi_2$$

式中，φ_1 为圆偏心轮与工件之间的摩擦角，φ_2 为圆偏心轮与回转轴之间的摩擦角。

为使自锁可靠，φ_2 忽略不计，计算得到圆偏心轮的自锁条件为

$$\frac{2e}{D} \leqslant f$$

式中，f 为圆偏心轮与工件的摩擦因数。

所以，当 $f = 0.1$ 时，有 $\dfrac{D}{e} \geqslant 20$；当 $f = 0.15$ 时，有 $\dfrac{D}{e} \geqslant 13.3$。

2. 偏心夹紧机构应用举例

图 3-31 为偏心轮夹紧机构。压板 1 前端作用于工件表面，后端通过销轴 2 与偏心轮 4 铰接。压下偏心轮手柄 3 即可夹紧工件，抬起手柄 3 即可松开工件。

图 3-32 为偏心轴夹紧机构。扳动手柄 2 使偏心轴 3 转动，施压杠杆 4 带动钩形压板 1 夹紧或者松开工件。

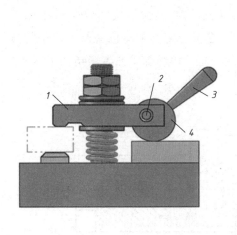
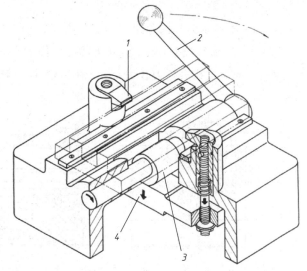

1—压板；2—销轴；3—手柄；4—偏心轮。

图 3-31 偏心轮夹紧机构

1—钩形压板；2—手柄；3—偏心轴；4—杠杆。

图 3-32 偏心轴夹紧机构

偏心夹紧机构具有操作方便、夹紧迅速的优点，但夹紧力和夹紧行程小，自锁性能一般，故适用范围有一定的限制，主要用于夹紧力小、工件切削力平稳的场合。图 3-33 所示为采用偏心夹紧机构夹紧轴套铣削端面槽。

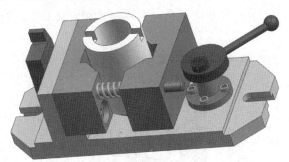

图 3-33 偏心夹紧机构应用于轴套铣削端面槽

3.2.4 定心夹紧机构

当工件加工面以中心要素（轴线、中心线、中心平面等）为工序基准时，可采用定心夹紧机构。此时，定位基准与工序基准重合，则基准不重合误差为零。定心夹紧机构的定位元件与夹紧元件连为一体，不论各个工作元件处于何种位置，其中心要素的位置不变，这样定位基准也不产生位移，即基准位移误差也为零。因此，工件的定位误差为零。

常用的定心夹紧机构可分为等速移动（趋近或退离工件）式或均匀变形式。

1. 等速移动式定心夹紧机构

等速移动式定心夹紧机构有利用双向螺纹的定心夹紧，有利用斜面作用的定心夹紧，还有利用杠杆作用的定心夹紧等。

(1) 相向等速运动定心夹紧机构

图 3-34 所示为相向等速运动定心夹紧机构。旋转制有左、右旋螺纹的双向螺杆 6,使 "V" 形块 2、4 做等速双向运动,以实现对工件的夹紧。三爪自定心卡盘也是此类机构的典型应用。该类机构夹紧力较大,定心精度不高,一般用于工件的粗加工或者半精加工。

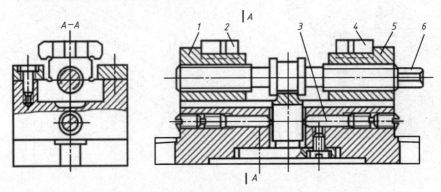

1,5—滑座;2,4—"V"形块钳口;3—调节杆;6—双向螺杆。

图 3-34 相向等速运动定心夹紧机构

(2) 杠杆式定心夹紧机构

图 3-35 所示为车床用的气动定心卡盘,采用杠杆式定心夹紧机构。气缸通过拉杆 1 带动滑套 2 向左移动时,3 个钩形杠杆 3 同时绕销轴 4 摆动,收拢位于滑槽内的 3 个夹爪 5 而将工件定心夹紧。夹爪的张开则依靠拉杆右移时装在滑套 2 上的斜面推动。

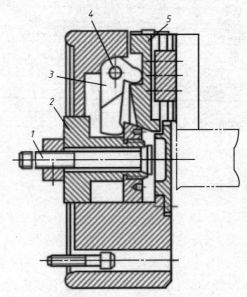

1—拉杆;2—滑套;3—钩形杠杆;4—销轴;5—夹爪。

图 3-35 杠杆式定心夹紧机构

(3)楔式定心夹紧机构

图 3-36 所示为机动楔式夹爪自动定心夹紧机构。工件 5 以内孔和左端面在夹具上定位后,气缸通过拉杆 4 使 6 个夹爪 1 左移,由于本体 2 上斜面的作用,夹爪左移的同时向外胀开,将工件定心夹紧。当夹爪右移时,在弹簧卡圈 3 的作用下夹爪收拢,将工件松开。

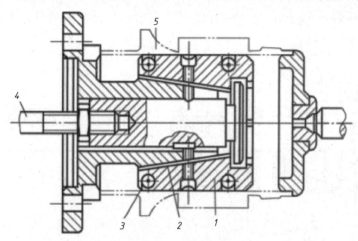

1—夹爪;2—本体;3—弹簧卡圈;4—拉杆;5—工件。

图 3-36 楔式定心夹紧机构

2. 均匀变形式定心夹紧机构

通过均匀变形式实现定心夹紧作用的定心夹紧机构,其定心精度较高,适用于精加工或细加工,主要有弹性筒夹、波纹套、膜片卡盘、液性介质等种类。

(1)弹性筒夹夹紧机构

弹性筒夹利用薄壁弹性元件受力均匀变形来实现定心夹紧,定心精度可达到 0.04～0.10 mm,常用于安装轴套类工件。图 3-37 为采用弹性筒夹夹持工件的例子,例中弹性筒夹的锥角对定心夹紧的性能影响较大,一般弹性筒夹的锥角取 30°,与弹性筒夹配合的锥套的锥角取 29°或者 31°(根据倾斜方向确定)。

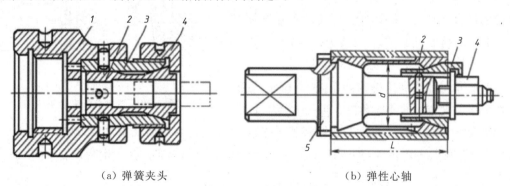

(a)弹簧夹头　　　　　　　　　(b)弹性心轴

1—夹具体;2—弹性筒夹;3—锥套;4—螺母;5—心轴。

图 3-37 弹性筒夹夹紧机构

弹性筒夹的变形不能过大,故其实际夹紧力较小。筒夹元件的材料应具有强度高、弹性好、耐磨性好的性能,常常选用 T7A、T8A、65Mn 等材料,淬火后 HRC 达到 55～60,并且工作面需要精磨。

(2) 波纹套夹紧机构

波纹套夹紧机构的弹性元件为波纹套(或称为蛇腹套),图 3-38 所示为加工工件外圆及右端面的例子,波纹套受到纵向压缩后均匀径向扩张,将工件夹紧。该定心夹紧机构定心精度较高,可达到 $\phi 0.01$ mm,且结构简单,寿命较长。波纹套的材料一般选用 65Mn,热处理后 HRC 达到 45～48。

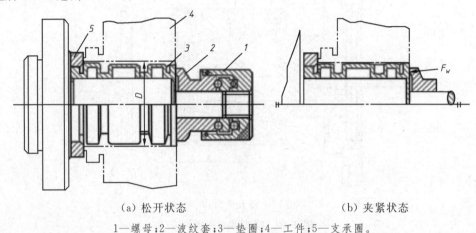

(a) 松开状态　　　　　　　　　　(b) 夹紧状态

1—螺母;2—波纹套;3—垫圈;4—工件;5—支承圈。

图 3-38　波纹套夹紧机构

(3) 膜片卡盘夹紧机构

膜片卡盘夹紧机构如图 3-39 所示,膜片 1 与夹具体相连,顶杆 3 受力向右移动,推动膜片 1 变形,张开卡爪 2 夹持工件。当工件被夹紧后,顶杆 3 向左退回,工件受到膜片的弹力而定心夹紧。

膜片卡盘定心夹紧机构具有刚性好、通用性强、定心精度高的特点,且操作方便、迅速。但是它的夹紧力较小,主要用于磨削或者有色金属件车削加工的精加工工序。

(4) 液性介质弹性夹紧机构

液性介质弹性夹紧机构如图 3-40 所示,起到弹性变形夹紧作用的薄壁套筒 2 压在夹具体 1 上,在薄壁套筒 2 的容腔里面注满液性塑料 3,把工件装到薄壁套筒 2 上之后,旋紧螺钉 5,通过柱塞 4 使液性塑料流动,加压到各个方向,薄壁套筒的薄壁部分会产生弹性变形,从而夹紧工件。

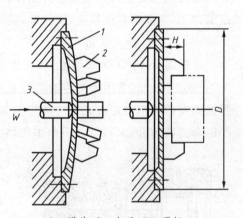

1—膜片;2—卡爪;3—顶杆。

图 3-39　膜片卡盘夹紧机构

液性介质弹性夹紧机构结构紧凑,操作简便,定心精度能够达到 $\phi 0.005$ m～$\phi 0.01$ mm,主要用于工件的精加工或者半精加工工序。

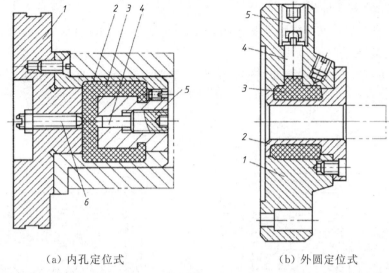

(a) 内孔定位式　　　　　　　　(b) 外圆定位式

1—夹具体；2—薄壁套筒；3—液性塑料；4—柱塞；5—螺钉；6—限位螺钉。

图 3-40　液性介质弹性夹紧机构

3.2.5 联动夹紧机构

在某些加工场合,考虑到工件的结构特点与加工要求,可以采用相应机构对工件多点夹紧或对多个工件同时夹紧,此为联动夹紧机构。联动夹紧机构只需要操纵一个手柄或动力源,就能同时从各个方向均匀地夹紧一个工件,或者同时夹紧若干个工件。该种夹紧机构夹紧效率较高,但结构复杂,且需要较大的原始作用力,还要增加中间传力机构。

1. 单件多点联动夹紧机构

图 3-41 所示为单件双向式联动夹紧机构,拧紧螺母 4,摇臂 2 带动两个摆动压块 1、3 同时作用在工件的相邻两处表面,对工件进行夹紧。

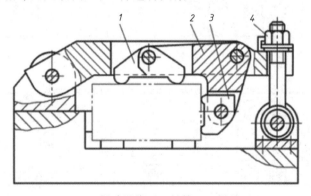

1,3—摆动压块；2—摇臂；4—螺母。

图 3-41　单件双向式联动夹紧机构

图 3-42 所示为单件对向式联动夹紧机构,活塞杆 3 下落时,两个浮动压板 2 同时作用在工件 1 的相对两处表面,对工件进行夹紧,活塞杆向反方向运动时,浮动压板则松开工件。

2. 多件联动夹紧机构

多件联动夹紧机构又可按照夹紧时的动作特点分为平行式、连续式、对向式和复合式多件联动夹紧机构。

图3-43所示为平行式多件联动夹紧机构,拧紧螺母,压板带动两个摆动压块同时夹紧四个工件。

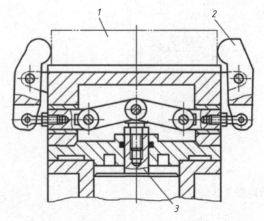

1—工件;2—浮动压板;3—活塞杆。

图3-42 单件对向式联动夹紧机构   图3-43 平行式多件联动夹紧机构

图3-44所示为连续式多件联动夹紧机构,旋转螺钉3,带动"V"形块2按顺序连续夹紧多个工件1。

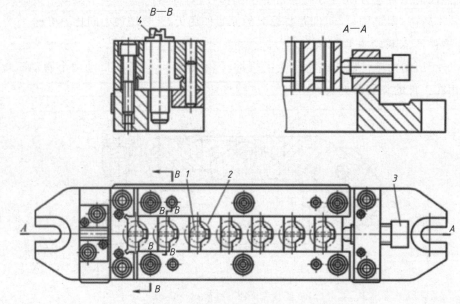

1—工件;2—"V"形块;3—螺钉;4—对刀块。

图3-44 连续式多件联动夹紧机构

图3-45所示为对向式多件联动夹紧机构,压板1与4对称布置,操作偏心轮6带动拉杆5,进而夹紧工件3。

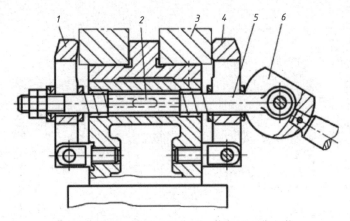

1,4—压板;2—键;3—工件;5—拉杆;6—偏心轮。

图 3-45 对向式多件联动夹紧机构

图 3-46 所示为复合式多件联动夹紧机构,该机构包括平行式联动夹紧和对向式联动夹紧两种方式。

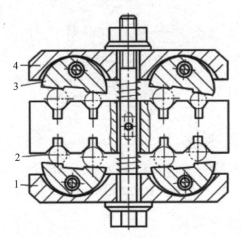

1,4—压板;2—工件;3—摆动压块。

图 3-46 复合式多件联动夹紧机构

对于联动夹紧机构,必须设置浮动环节,以补偿同批工件尺寸偏差的变化,保证工件同时均匀地被夹紧。联动夹紧一般需要较大的总夹紧力,故要求机构元件有较大的刚度,防止受力变形。当工件定位与夹紧同步联动进行时,应避免工件的定位被破坏。

3.2.6 铰链夹紧机构

铰链夹紧机构是一种增力夹紧机构,其结构简单,增力倍数大,在气动夹具中应用广泛,以弥补气缸或者气室力量的不足。图 3-47 所示为铰链夹紧机构的三种基本结构,图 3-47(a)所示为单臂铰链夹紧机构,图 3-47(b)所示为双臂单作用铰链夹紧机构,图 3-47(c)所示为双臂双作用铰链夹紧机构。

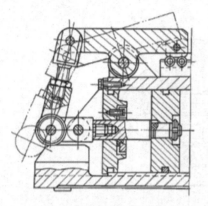
(a) 单臂铰链夹紧机构

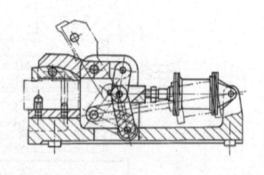
(b) 双臂单作用铰链夹紧机构

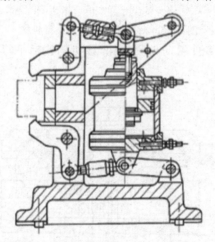
(c) 双臂双作用铰链夹紧机构

图 3-47　铰链夹紧机构

3.2.7　夹紧机构发展趋势

随着工件加工种类的多样化、加工尺寸的微型化、加工效率的快速化，对夹紧机构的要求也越来越高，一些新型、快速夹具应运而生。图 3-48 所示为某公司生产的各种快捷夹具，它们可以被方便地布置在工作台上，快速完成对工件的夹紧。

　　　　　　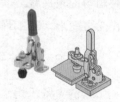

（a）旋转式　　　　　（b）按扣式　　　　　（c）下拉式　　　　　（d）肘节式

图 3-48　快捷夹紧装置

3.2.8 夹紧机构动力源与设计要求

夹紧机构的动力源有手动、气动、液压、电动、真空等形式。对于手动夹紧,一般不需要计算夹紧力,而机动夹紧则需要计算夹紧力以确定相关结构参数和电气参数。

图3-49～图3-52所示为采用机动夹紧动力源的几种夹紧机构。

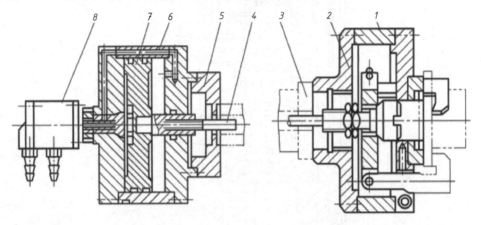

1—卡盘;2—过渡盘;3—主轴;4—拉杆;5—连接盘;6—回转气缸;7—活塞;8—导气接头。

图3-49 车床气动卡盘

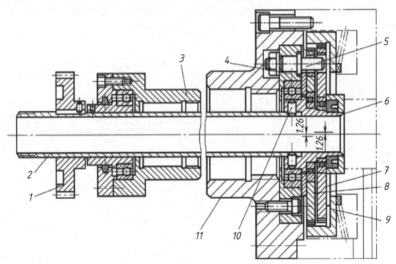

1—齿轮;2—传动轴;3—轴承座;4—定位板;5—限位轴;6—偏心轴;7,8—偏心齿轮;
9—内齿轮;10—传动销;11—卡盘体。

图3-50 电动三爪自定心卡盘

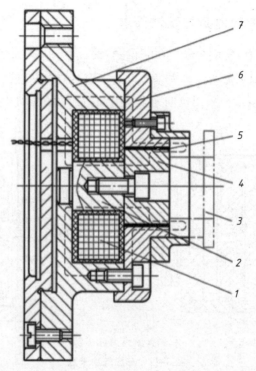

1—线圈；2—铁心；3—工件；4—导磁体定位件；5—隔磁体；6—导磁体定位件；7—夹具体。

图 3-51　车床用电磁卡盘

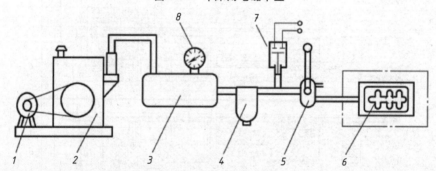

1—电动机；2—真空泵；3—真空罐；4—空气滤清器；5—操纵阀；6—真空夹具；
7—紧急断路器；8—真空表。

图 3-52　真空夹具装置系统

选择动力源的形式应遵循经济合理、与夹紧机构相适应的原则。采用手动作为动力源的夹紧机构一般具有良好的自锁性及较小的原始作用力。实际应用以螺旋夹紧机构和偏心夹紧机构为主，设计相应元件的结构参数应选取较大的裕度系数。

气动、液压动力源夹紧机构多用在大批量的生产场合，夹紧力较大，它们可大大降低生产人员工作强度，但是其结构复杂，成本较高。电动、电磁等动力源多用在特殊场合，具有夹紧效率高、操作强度低等特点。

3.3 夹紧装置的设计

工件在夹具中的加工位置需要夹紧装置来保证,避免在切削力、离心力、惯性力等因素作用下发生变动,对夹紧装置的设计应确保工件不移动、不变形、不振动,且安全可靠,经济实用。

3.3.1 轴套钻孔工序夹紧装置的设计

对于如图 2-78 所示的钢套零件,要求钻削 $\phi 6H7$ 的孔。定位方案在 2.4.1 一节已经确定,采用带小端面的销轴作为定位元件,如图 3-53 所示,现要求设计该工件的夹紧装置。

考虑到工件所需要的夹紧力较小,采用快速螺旋夹紧方式即可满足要求。故可以在销轴端部留出螺纹结构,再配合快换垫圈完成夹紧任务。销轴如图 3-54 所示,在其右端加工出螺纹结构,配合带肩六角螺母施加夹紧力,螺纹规格为 M12。销轴的左端也制出螺纹结构,以便与夹具体连接。

图 3-53 工件的定位方案

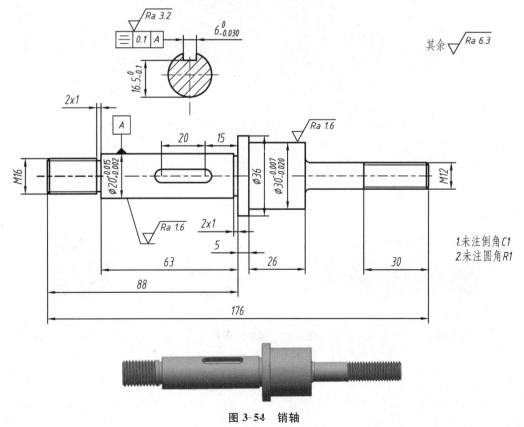

图 3-54 销轴

查询夹具设计手册,选取开口垫圈(JB/T 8008.5—1999)的规格为 A12×40,配合带肩六角螺母 M12(JB/T 8004.1—1999)共同实现夹紧目的,开口垫圈和螺母如图 3-55 所示。

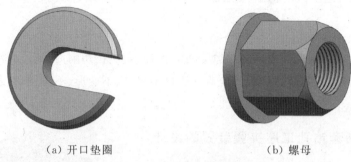

(a) 开口垫圈　　　　　　　(b) 螺母

图 3-55　开口垫圈与螺母

作为定位元件的销轴也需要在夹具上固定,此例中是通过采取平键将销轴与夹具体连接的方式。平键可以分担部分切削力矩,有利于夹具使用过程的稳定性。销轴与夹具体的内孔采取 $\phi 20H7/k6$ 配合,左端用螺母锁紧,锁紧装置如图 3-56 所示。

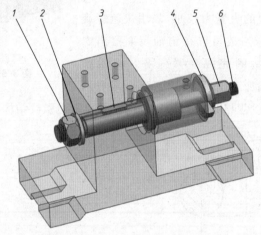

1—六角螺母;2—垫圈;3—平键;4—开口垫圈;5—带肩螺母;6—销轴。

图 3-56　工件的夹紧装置

根据销轴与夹具体的配合尺寸,选取平键规格为 6×6×25(GB/T 1096—2003),左端配合螺母 M16(GB/T 6170—2000)、垫圈 16(GB/T 97.1—2002)锁紧,相关标准件如图 3-57 所示。

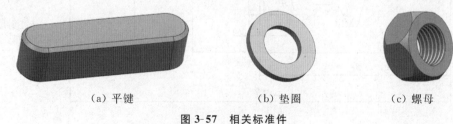

(a) 平键　　　　　　(b) 垫圈　　　　　　(c) 螺母

图 3-57　相关标准件

3.3.2 连杆铣削端面工序夹紧装置的设计

对于如图 2-83 所示的连杆零件,要求铣削上下两端面。定位方案在 2.4.2 一节已经确定,采用定位套联合"V"形块对工件进行定位,如图 3-58 所示,现要求设计该工件的夹紧装置。

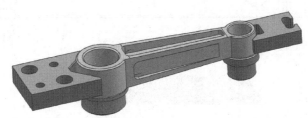

图 3-58 工件的定位方案

考虑到工件的加工批量不大,宜采用手动夹紧方式。切削力不大,可以不需要计算夹紧力。连杆的小头布置了活动"V"形块,既能够对工件进行定位,也能够作为夹紧装置的组成部分。夹紧力的实施方式如图 3-59 所示,通过旋转螺杆,推动活动"V"形块左移,"V"形块两斜面直接作用在工件上,进而实现夹紧工件的目的。

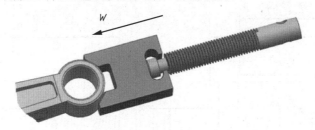

图 3-59 夹紧力的实施方式

夹紧方案如图 3-60 所示,顺时针转动手柄 6,螺杆 5 在导向座 4 内向左移动,推动活动"V"形块 2 在滑台 3 内滑移,压紧工件 1;逆时针转动手柄 6,螺杆 5 在导向座 4 内向右移动,带动活动"V"形块 2 松开工件 1。

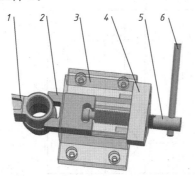

连杆铣削端面夹紧装置的设计

1—工件;2—活动"V"形块;3—滑台;4—导向座;5—螺杆;6—手柄。

图 3-60 夹紧方案

活动"V"形块由螺杆推动,参考活动"V"形块的连接尺寸,确定螺杆的结构尺寸,如图 3-61 所示。

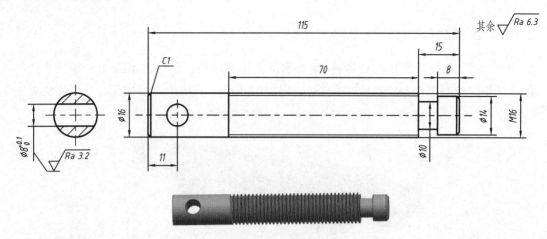

图 3-61 螺杆

滑台的作用是支承活动"V"形块在内部滑道上直线移动,其与活动"V"形块采取间隙配合。滑台通过四个螺钉固定在夹具体上,而导向座通过两个螺钉固定在滑台上。滑台、导向座、手柄结构分别如图 3-62、图 3-63、图 3-64 所示。

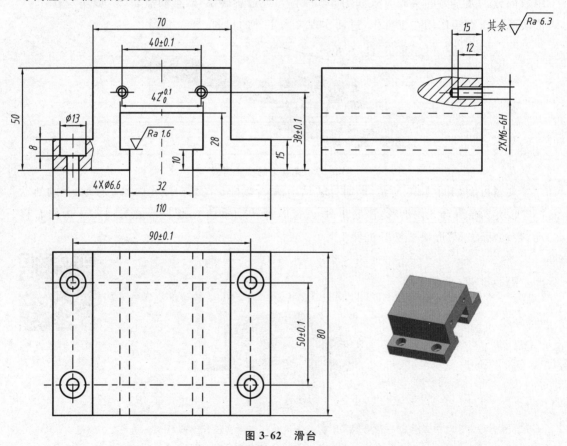

图 3-62 滑台

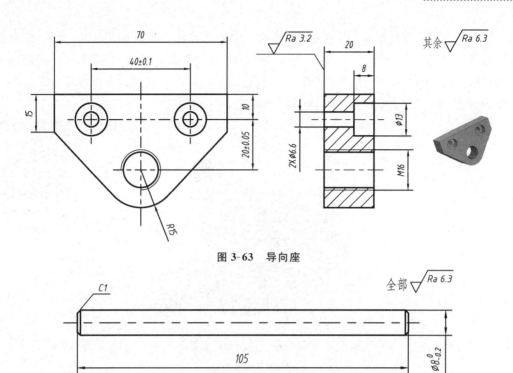

图 3-63 导向座

图 3-64 手柄

3.3.3 套筒铣槽工序夹紧装置的设计

对于如图 2-91 所示的套筒零件,要求铣削两键槽。定位方案在 2.4.3 一节已经确定,采用两"V"形块联合支承板对工件进行定位,如图 3-65 所示,现要求设计该工序的夹紧装置。

工件的主要定位基面为外圆柱面,并在"V"形块上支承定位,则夹紧力的分力方向最好垂直于"V"形块的两斜面。故本例考虑采用摆动"V"形块作为夹紧元件,其两斜面作为工作面与工件的外圆柱面相接触,夹紧力的合力方向竖直向下,分力方向垂直于"V"形块的两斜面,如图 3-66 所示。

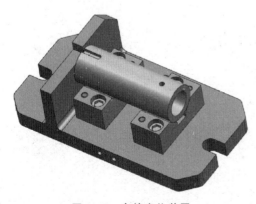

图 3-65 套筒定位装置

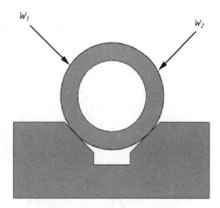

图 3-66 夹紧力的作用方向

该工件为大批量生产，采用螺旋铰链压板夹紧方式比较有利。如图 3-67 所示，螺旋铰链压板联合摆动"V"形块将工件压紧在两"V"形块上。铣槽加工结束后，先松开带肩螺母 4，将铰链压板 6 和摆动"V"形块 2 翻转，工件就可以被卸下，安装的时候顺序相反。采用该种夹紧方式，工件装卸迅速，适合大批量生产模式。

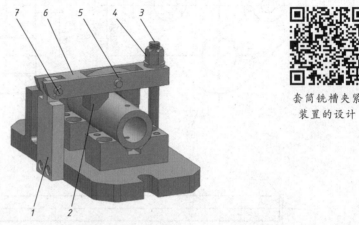

套筒铣槽夹紧装置的设计

1—立板；2—摆动"V"形块；3—螺柱；4—带肩螺母；5—开口销；6—铰链压板；7—销轴。

图 3-67　夹紧装置

夹紧装置中的重要元件包括摆动"V"形块（图 3-68）和铰链压板（图 3-69），其结构尺寸可以参照夹具手册进行设计。

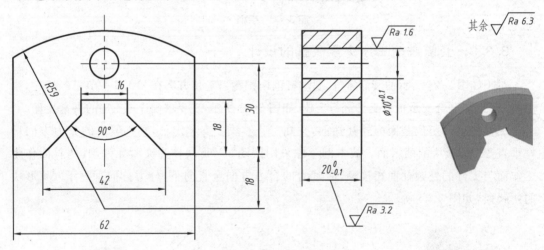

图 3-68　摆动"V"形块

3 工件的夹紧

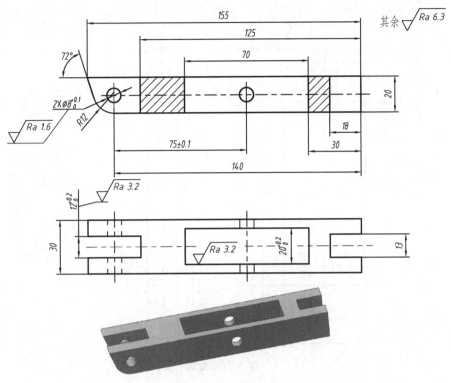

图 3-69 铰链压板

夹紧装置中的其他元件包括螺柱和立板等，其结构尺寸如图 3-70、图 3-71 所示。

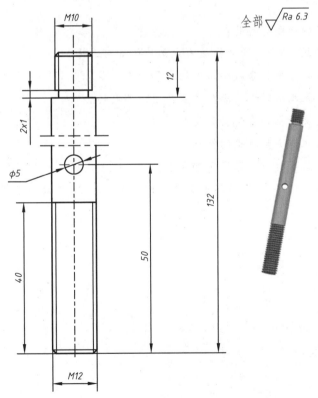

图 3-70 螺柱

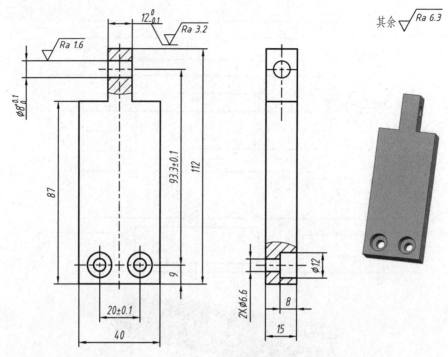

图 3-71 立板

练 习

1. 夹紧装置的组成有哪些?
2. 设计夹紧装置时,夹紧力的施力方向应该如何选择?
3. 可以采取哪些措施来减小工件的夹紧变形?
4. 楔块夹紧机构有哪些特点?主要应用于哪些场合?
5. 快速螺旋夹紧机构有哪些种类?
6. 阐述螺旋压板夹紧机构的特点。
7. 设计夹紧装置时应该注意哪些要求?
8. 分别介绍如图 3-72 所示各个夹紧机构的工作原理,并说明它们属于哪一种典型夹紧机构。

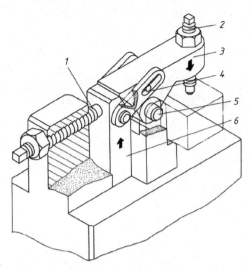
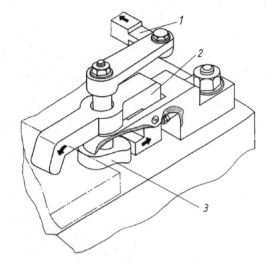

1—螺杆；2—调节螺钉；3—压板；
4—压板拉臂；5—支承轴；6—滑动楔块。

(a)

1—连杆；2—压板；3—双向偏心轮。

(b)

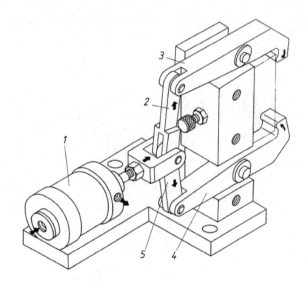

1—动力源；2—上铰链臂；3—上压板；4—下压板；5—下铰链臂。

(c)

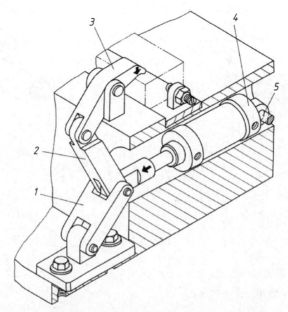

1,2—铰链臂；3—钩形压板；4—气缸；5—销轴。

(d)

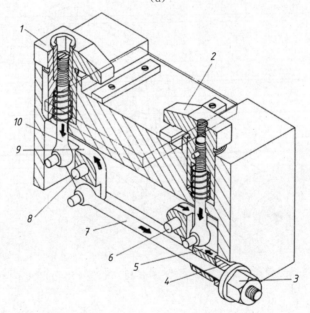

1,2—钩形压板；3—螺母；4—滑套；5,9—连接块；6,8—销轴；7,10—螺栓。

(e)

图 3-72 夹紧机构

4 专用夹具的设计方法

 问题导入

对于如图 2-78 所示的钢套工件,需要按照怎样的方法进行钻孔工序的专用夹具设计呢?

专用夹具的设计要求主要有:

① 满足工件的加工精度要求。
② 提高工件的生产效率,降低企业生产成本。
③ 夹具力求操作简便、安全。
④ 夹具的结构工艺性好,便于制造、使用及维修。
⑤ 夹具应该达到一定的通用、标准化程度。
⑥ 夹具能够满足较长的寿命要求。

 ## 4.1 专用夹具的设计步骤

专用夹具设计任务书是夹具设计的原始依据。工艺制定人员根据工件的加工要求,在编制工艺规程时针对某一道或某几道工序提出采用专用夹具的需求,撰写专用夹具设计任务书,列出设计理由、使用车间、使用设备及该道工序的工序图。设计人员接到设计任务后即可着手准备工作,确定结构方案,进行结构设计。企业组织制造、装配、检验,没有问题即可投入生产。

专用夹具的设计步骤如图 4-1 所示。

1. 明确设计任务,准备先期资料

(1) 设计任务书

设计任务书是设计夹具的原始依据,它是由工艺编制人员向设计人员提供的书面文

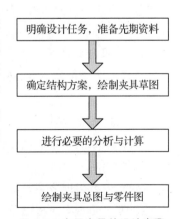

图 4-1 专用夹具的设计步骤

111

本，其内容主要包括：在本夹具要完成的工序、适用机床的类型及使用环境、生产纲领、推荐的夹具结构方案、设计进度及其他要求。任务书提出的设计要求必须准确、全面，有很强的专业性和针对性。

（2）被加工零件图

被加工零件图包括待加工对象的毛坯图、半成品图或成品图。前者指零件的铸件图或锻件图，用于了解零件的毛坯结构情况，如毛坯材料、几何形状及尺寸公差、加工余量、热处理情况等；后者用于了解零件相关工序的结构信息，如零件的加工尺寸精度、几何形状要求、表面粗糙度、技术要求等。

（3）工序卡及工艺规程

根据工序卡可以了解该工序应达到的工艺要求、推荐的定位及夹紧部位、使用的机床及刀辅具、加工余量及切削用量、测量工具及手段等信息。通过工艺规程可以了解本工序与前后工序之间的关联信息。

（4）适用机床及刀具、辅具信息

了解适用机床的规格、主要技术参数、夹具安装部位及相关联系尺寸，同时还需要了解该机床使用刀具及辅具的主要结构尺寸、制造精度、主要技术条件等信息，以便将来确定对刀方式和刀具引导部分的尺寸及公差，并避免刀具、辅具在切削加工过程中与相邻零部件发生碰撞或干涉。

（5）制造及使用环境

主要了解夹具制造者的工艺水平、冷加工及热处理能力、装配水平及手段、制造及装配环境条件、夹具使用环境等信息。

（6）相关标准及资料

了解有关夹具零部件的设计标准，如国家标准、行业标准、企业标准等信息，包括《机床夹具零件及部件》的国家机械行业标准(JB/T 8004.1—1999 至 JB/T 10128—1999)。收集类似夹具的设计案例、典型夹具结构图册、夹具设计手册及相关参考资料等，以便在接下来的设计过程能够引入先进设计理念，采用经济而实用的结构，提高夹具标准化程度，缩短设计及制造周期，从而保证所设计的夹具可靠和先进。

2．确定结构方案，绘制夹具草图

在完成上述准备工作，确定夹具的类型后，即可构思夹具各个部分的结构方案，绘制夹具草图。

① 定位方案设计。根据工序加工要求，确定工件的定位方法，设计或选择定位元件。

② 夹紧装置设计。确定夹紧方法、夹紧力的施力方向，设计夹紧机构，注意减少夹紧动作辅助时间。

③ 对刀或导向方案设计。确定对刀装置或刀具导引的结构形式和布局。

④ 变工位方案。根据是否需要变换工位进行变工位方案设计。若需要变换工位，可以采取分度装置或者其他变工位方案。

⑤ 夹具体设计。选择合适的夹具体形式，进行结构设计。

⑥ 其他元件设计及草图绘制。

3. 进行必要的分析与计算

对前述定位方案进行定位误差分析,验证方案是否合理。若是机动夹紧,还需要验算夹紧力的大小。

4. 绘制夹具总图与零件图

按照已经确定好的夹具结构方案,绘制夹具总装配图和自制零件的零件图。绘图过程中可以对前述结构方案进行必要的调整,尤其需要注意各个部件之间的衔接关系,避免出现安装错误、干涉等情况。

夹具设计过程还要注意审核夹具与机床的连接是否可靠,工件的装卸是否方便,夹具与刀具、量具等是否协调好,加工过程中切屑是否方便排出,等等。

4.2 分度装置的设计

1. 分度装置的功能

在机械加工中,经常会遇到一些工件要求在一次装夹中完成一组表面的加工,如孔系、槽系,而这些表面按照一定角度或一定距离均匀分布,并且形状尺寸完全相同,如图 4-2 所示,钢套工件加工周向均匀分布的六孔。

这就要求夹具在工件加工过程中能够进行分度,即工件每加工好一个表面后,连同夹具一起相对刀具转过一定角度或移动一定距离,再加工新的表面。能够实现这种加工要求的装置称为分

图 4-2 钢套

度装置。工件在具有分度功能的夹具上的每一个位置称为一个工位,故采用分度装置可实现多工位加工,从而提高生产效率,因此,其广泛应用于钻、铣、镗等加工中。

2. 分度装置的结构和组成

分度装置可以分为回转分度装置和直线分度装置两大类型。回转分度装置是一种对圆周角分度的装置,用于工件表面圆周分度孔或槽的加工;直线分度装置是指对直线方向上的尺寸进行分度的装置。

实际生产中以回转分度装置应用最多,下面以它为例进行介绍。回转分度装置按照分度盘回转轴线分布位置的不同,又可分为立轴式、卧轴式和斜轴式三大类型。

回转分度装置除了应具备工件定位、夹紧作用外,还应具备转位、对定和锁紧三个功能,具体包括固定部分、转动部分、分度对定机构与操纵控制部分、锁紧机构等。固定部分的功能相当于夹具体,转动部分由回转盘、衬套和转轴等组成,分度对定机构由分度盘和对定销组成,分度盘与分度装置的转动部分相连,对定销与固定部分相连,其作用是确保转动部分相对于固定部分得到一个正确的定位,从而保证工件的正确分度位置。

3. 分度对定机构

分度对定机构是分度装置的关键部件,主要由分度盘和对定销组成,它关系着分度装置的分度精度,直接影响工件的加工精度。常见分度对定机构的结构形式有钢球对定、圆柱销对定、菱形销对定、锥销对定、双斜面楔形槽对定等类型,如图 4-3 所示。

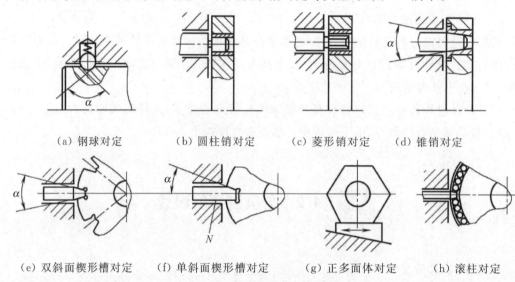

(a) 钢球对定　　(b) 圆柱销对定　　(c) 菱形销对定　　(d) 锥销对定

(e) 双斜面楔形槽对定　(f) 单斜面楔形槽对定　(g) 正多面体对定　(h) 滚柱对定

图 4-3　分度对定机构的结构形式

分度对定的操纵控制机构用于分度对定功能的最终实现,主要机构如图 4-4 所示。图 4-4(a)所示为手拉式分度销,通常用于中小型分度夹具中,向外侧拉出分度销,克服弹簧力的作用,旋转 90°即可停留在导套端部的端面上,操作简便,但精度不高。手拉式分度销已经标准化,可查询国家标准《机床夹具零件及部件　手拉式定位器》(JB/T 8021.1—1999)。图 4-4(b)所示为钢球式分度销,钢球在弹簧力的作用下,紧紧压在定位孔里面,结构简单,操作简便,但分度精度不高,对定也不可靠,主要用于预分度或精度要求不高且切削力小的场合。图 4-4(c)所示为偏心式分度销,其手柄下部带有偏心圆弧,分度销头部为菱形。图 4-4(d)所示为枪栓式分度销,其枪栓槽直接加工在定位销上,转动衬套即可操作定位销。枪栓式分度销也已经标准化,可查询国家标准《机床夹具零件及部件　枪栓式定位器》(JB/T 8021.2—1999)。图 4-4(e)所示为齿轮齿条式分度销,采用齿轮齿条操纵菱形定位销,对定时可消除配合间隙,提高分度对定精度。图 4-4(f)所示为可胀式分度销,用齿轮齿条操纵带"V"形槽的可胀式分度销,并进行锁紧。

通过分度定位销进行对定后,一般需要设置锁紧机构,其作用是增强分度装置工作时的刚性和稳定性,减小切削加工时振动所带来的影响。当分度装置经分度对定后,应将转动部分锁紧在固定的基座上,这对铣削加工尤为重要。当产生的切削力不大且振动较小时,可以不设置锁紧机构。实际应用中,有偏心轮锁紧、楔式锁紧、切向锁紧和压板锁紧等。

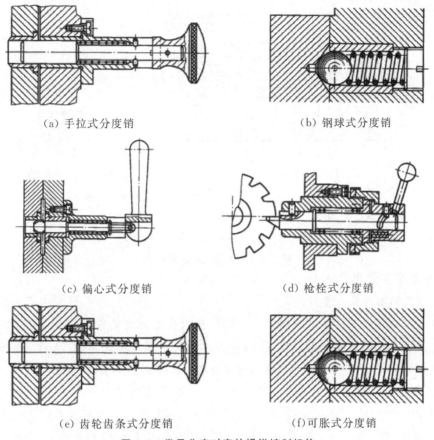

图 4-4 常见分度对定的操纵控制机构

图 4-5(a)所示为楔式锁紧机构,顶柱 2 通过弹簧 1 把转盘 3 抬起,转盘 3 转位后可用锁紧圈 4 和锥形圈 5 锁紧。图 4-5(b)所示为偏心式锁紧机构,转动圆偏心轴 9,经滑动套 11、轴承 7 把回转盘 6 抬起。反向转动圆偏心轴,经螺钉 12、滑动套 11 和螺纹轴 8,即可将回转盘 6 锁紧。图 4-5(c)所示为液压式锁紧机构,用于大型分度转盘。压力油经油口 C、油路系统 16、油口 B,在静压槽 D 处产生静压,抬起转盘 19。回油经油口 A 和回油系统 15 排出。静压使转盘抬起 0.1 mm,转盘 19 由锁紧装置 18 锁紧。图 4-5(d)所示为一种用于小型分度盘的锁紧机构。

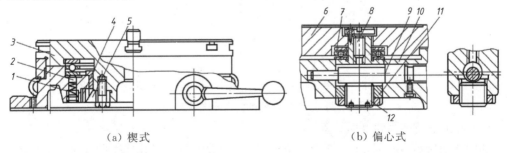

(a) 楔式   (b) 偏心式

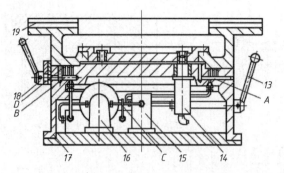

(c) 液压式　　　　　　　　　(d) 用于小型分度盘的锁紧机构

1—弹簧；2—顶柱；3—转盘；4—锁紧圈；5—锥形圈；6—回转盘；7—轴承；8—螺纹轴；
9—圆偏心轴；10、17—转台；11—滑动套；12—螺钉；13—手柄；14—液压缸；
15—回油系统；16—油路系统；18—锁紧装置；19—转盘。

图 4-5　分度装置的锁紧机构

4. 分度装置应用举例

(1) 钢套钻削六孔分度装置

图 4-2 所示钢套工件钻削圆周面上均匀分布六孔的分度装置如图 4-6 所示。定位销轴 2 及分度盘 4 构成回转分度机构，连同钢套 3，由夹紧螺母 1 夹紧；对定销组件 5 为对定分度机构，将其插入分度盘的定位销孔，确保待加工孔的加工位置；锁紧螺母 6 属于转位锁紧机构，用于整套分度装置的紧固。当钻削完一个孔后，不需要卸下工件，此时松开锁紧螺母 6，拔出对定销组件 5，将定位销轴 2 连同钢套 3 一起旋转 60°，再插入对定销组件 5，用锁紧螺母 6 锁紧，即可加工下一个孔。采用同样的操作方法，依次按顺序加工完剩余的孔。

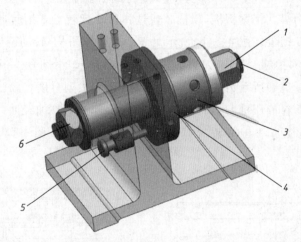

1—夹紧螺母；2—定位销轴；3—钢套；4—分度盘；5—对定销组件；6—锁紧螺母。

图 4-6　钢套钻削六孔分度装置

(2) 扇形板钻削三孔分度装置

如图 4-7 所示，扇形板工件需要在立式钻床上钻削三孔，三孔之间的角度为 $20°\pm30'$。工件毛坯为铸件，材料为 HT200，中小批量生产。三个孔的孔径由刀具保证，三孔之间的角度应由分度装置实现，即通过分度盘的分度精度 $20°\pm10'$ 来完成。

扇形板钻削三孔分度装置如图4-8所示，工件6以内孔和端面为定位基面在定位销轴5上组合定位，工件6的外边缘被挡销13定位，属于完全定位。分度装置采用手拉式圆柱销对定机构，包括分度盘8、对定套2、对定销1、捏手11，由手柄9及其组件锁紧。工件6首先被定位销轴5和挡销13定位，拧紧螺母4后，工件6压在分度盘8上，被夹紧；插入对定销1，转动手柄9，锁紧分度装置，就可以钻削第一个孔。当加工完第一个孔，不需要卸下工件，松开手柄9，可将定位销轴5松开，此时用手将对定销1从对定套2中拉出，

图4-7　扇形板工件

使定位销轴5连同工件6一起回转20°，再将对定销1重新插入下一个对定套，即实现了分度，接着锁紧分度装置，依次按顺序加工其余两孔。

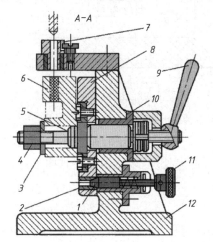
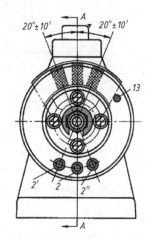

1—对定销；2—对定套；3—开口垫圈；4—螺母；5—定位销轴；6—工件；7—钻套；
8—分度盘；9—手柄；10—衬套；11—捏手；12—夹具体；13—挡销

图4-8　扇形板钻削三孔分度装置

4.3　夹具体的设计

夹具体作为整套夹具的基础和骨架，是夹具上体积最大、结构较为复杂的元件。夹具的其他元件通过它连接成一个相互关联的整体，实现与机床的连接。夹具体的整体形状取决于夹具的类型，具体结构很大程度上取决于定位元件等夹具元件的结构形式。

1. 对夹具体的要求

(1) 有适当的精度和尺寸稳定性

夹具体上与定位元件接触的表面，安装定位元件或其他元件的表面应有适当的尺寸精

度和表面精度等要求。夹具体上有三个表面是影响夹具装配后精度的关键,即夹具体的安装表面(与机床连接的表面)、安装定位元件的表面及安装对刀或导向元件的表面,这几个表面的尺寸精度等要求要特别注意。

图4-9所示为某钻床夹具体,A 面为夹具体在机床工作台上的安装基面,故夹具体上安装定位元件的 $\phi24H7$ 孔的轴线给出了相对安装基面 A 的平行度要求;与定位元件接触的 B 面给出了相对安装基面 A 的垂直度要求。

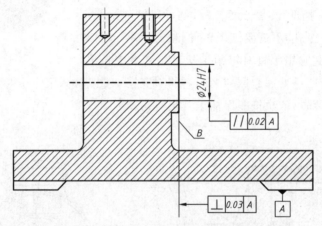

图4-9 夹具体重要表面的表示方法

由于夹具可批量生产,故夹具体的尺寸精度要保持较好的稳定性。所以,对铸造夹具体要进行时效处理,锻造和焊接夹具体应进行退火处理,以便消除夹具体毛坯残余内应力,保证精度要求。

(2) 有足够的强度、刚度和抗振性能

夹具体作为其他元件的支承,直接或间接承受切削力、夹紧力、冲击和振动等因素的影响,所以需要具备足够的强度和刚度,以免产生变形。实际设计夹具体时,应保证夹具体具有足够的壁厚(一般为 15~30 mm),必要时可以设置加强筋。

(3) 有较好的结构工艺性

夹具体力求结构简单,装卸方便。在满足结构、强度、刚度等要求的前提条件下,夹具体尽量做到体积小、重量轻,特别是对需要手动移动或翻转的夹具体,其总重量以不超过 10 kg 为宜。图4-10所示的夹具体底部中空,能够有效减小自身的重量。

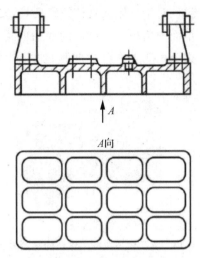

图 4-10 夹具体的结构

对于夹具体上的重要表面,要考虑结构工艺性和实用性。例如,安装各类元件的表面应铸出 3~5 mm 的凸台,以减小加工面积。不加工毛面与工件表面间留出足够的间隙:工件是毛面时取 8~15 mm,工件是精加工面时取 6~10 mm,以免安装时发生干涉。

(4) 夹具体要易于排屑,在机床上方便安装

夹具体要求具有良好的排屑性能,图 4-11 所示为几种排屑方法。

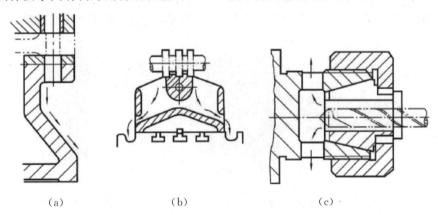

(a)　　　　　　　　(b)　　　　　　　　(c)

图 4-11 夹具体的排屑方法

夹具体要有足够的容屑空间,图 4-12 为夹具体容屑空间的设计。

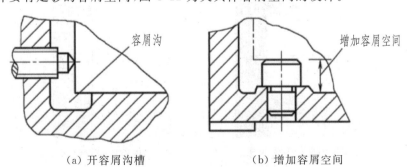

(a) 开容屑沟槽　　　　　　　(b) 增加容屑空间

图 4-12 夹具体容屑空间的设计

夹具通过夹具体与机床连接，对于铣床夹具和钻床夹具，安装夹具时，夹具的重心应尽量低，这样可以减小夹具体支承面的面积。夹具体的底面四边应凸出（或中空），如图 4-13 所示，接触边或支脚的宽度应大于机床工作台 T 形槽的宽度。底面应一次加工，以保证良好的平面度。

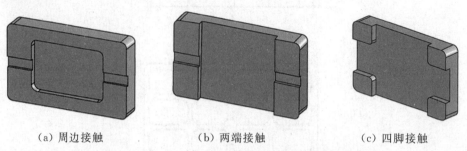

(a) 周边接触　　　　　(b) 两端接触　　　　　(c) 四脚接触

图 4-13　夹具体与机床工作台的接触方式

车床夹具在车床主轴上的连接方式取决于车床主轴端部的结构形式。图 4-14(a)所示为定心锥柄连接，夹具以锥柄安装于机床主轴锥孔内，实现同轴连接。机床主轴锥孔一般采用莫氏锥孔，故夹具锥柄也应为莫氏锥柄，此连接方式定心精度较高，安装迅速、方便。为了减小切削力和振动的影响，有时候在锥柄尾部设有拉紧螺杆，用于对锥柄进行防松保护。图 4-14(b)所示为过渡盘连接，过渡盘的一面利用短锥孔、端面组合定位结构与主轴端部对定连接，另一端与夹具连接，通常采用端面、短销定位形式。过渡盘的结构尺寸需要根据主轴端面结构尺寸选用。图 4-14(c)、图 4-14(d)所示分别为平面短销对定连接和平面短锥销对定连接。

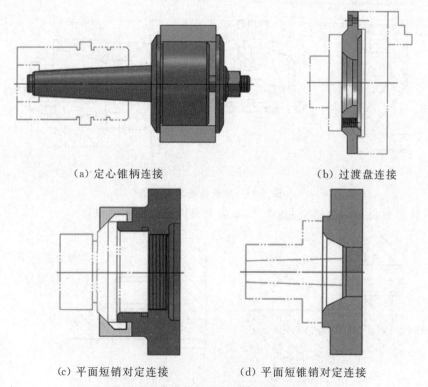

(a) 定心锥柄连接　　　　　　　　(b) 过渡盘连接

(c) 平面短销对定连接　　　　　　(d) 平面短锥销对定连接

图 4-14　夹具体与机床主轴的连接方式

(5) 可以在适当部位设置找正基准

必要时可以在夹具体的某些表面设置找正基准,如铣削加工时,若工件的加工精度较高,就可以在夹具体的侧面设置找正基准。

2. 夹具体毛坯的类型

夹具体的毛坯主要有铸造、锻造、焊接、装配等形式。

(1) 铸造夹具体

铸造夹具体可以铸造出各种形状复杂、加工工艺性好的夹具体(图 4-15),其抗压性能、抗震性能良好。受限于生产模式,铸造夹具体生产周期长,需要进行时效处理或退火处理以消除毛坯残余内应力,防止切削受力变形。实际设计夹具体时,应保证夹具体具有足够的壁厚 h,一般取 15～30 mm,必要时可以设置加强肋,加强肋的厚度一般取 $0.7h$～$0.9h$,高度不大于 $5h$。

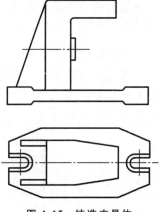

图 4-15 铸造夹具体

对于铸造夹具体上的安装基面和装配面,要注意避免出现过厚或面积大的区域,可以采取挖空措施,减少切削加工量,如图 4-16 所示。

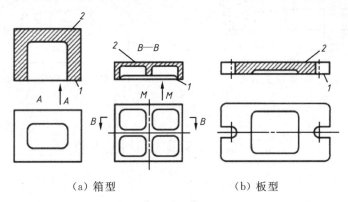

(a) 箱型　　　　(b) 板型

1—基面;2—装配面。

图 4-16 铸造夹具体的结构

毛坯材料主要有 HT150、HT200,要求强度较高时可以选用 ZG270～500,有重量要求时可以选用铸铝,如 ZL104。工件加工批量较大时应优先选用铸造夹具体。

(2) 锻造夹具体

当夹具体的形状比较简单、尺寸不大,而强度和刚度要求较高时,可以选用锻造夹具体(图 4-17)。锻造后的夹具体应进行退火处理,以消除热应力,减少后续机加工的变形量,保证加工尺寸的稳定性。

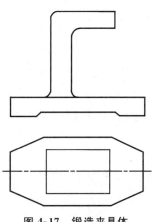

图 4-17 锻造夹具体

(3) 焊接夹具体

焊接夹具体易于制造,主要用于产品的试制和小批量生产(图 4-18)。将钢板或各类型材直接焊接,取材方便,生产周期短,成本低。焊件壁厚一般取 6～20 mm,刚度不足时可以设置加强肋。焊接后有热变形和内应力,故也需要进行退火处理。焊件材料主要有 Q235、20 钢。

(4) 装配夹具体

装配夹具体是指将非标准件与标准件通过螺钉等连接而成的夹具体(图 4-19)。此类夹具体易于设计,尤其是采用计算机辅助设计,设计周期短。装配夹具体定型后,可以用于后续夹具的系列化、标准化。

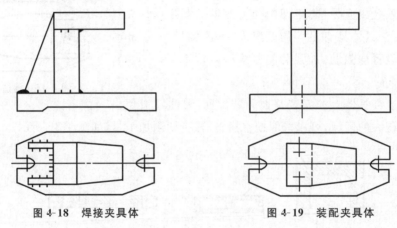

图 4-18　焊接夹具体　　　　　图 4-19　装配夹具体

4.4　夹具设计的注意点

1. 夹具的结构工艺性

夹具与普通机械零部件产品一样,需要注意其结构的合理性与工艺性,使其有利于夹具的加工,还要有利于夹具的装配、维修、测量,更应该有利于夹具的使用。如图 4-20(a)所示,圆柱形工件采用"V"形块定位并用双向正反螺杆推动钩形压板夹紧,这样就出现了过定位现象。实际使用时,有可能一个压板压不倒工件,这属于夹具的结构设计不合理。若改成如图 4-20(b)所示的结构,去掉螺杆的轴向叉形限位件,使螺杆成为浮动元件,消除轴向的过定位,因而保证夹紧的可靠性。

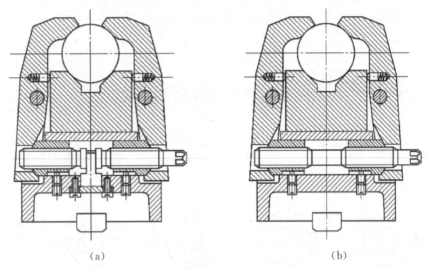

图 4-20 夹具结构合理性举例

2. 避免出现常识性错误

夹具元件之间的连接或者配合应避免出现常识性错误,表 4-1 列举了夹具设计中容易出现的几种错误。

表 4-1 夹具设计错误示例

项目	错误的或者不好的	正确的或者好的	说明
可调支承			1. 应有锁紧螺母 2. 应有扳手(面)或者一字槽(十字槽)
摆动压块			压杆应能压入,且压杆上升时压块不得脱落
加强筋			加强筋应设置在承受压应力的方向

续表

项目	错误的或者不好的	正确的或者好的	说明
可移动心轴	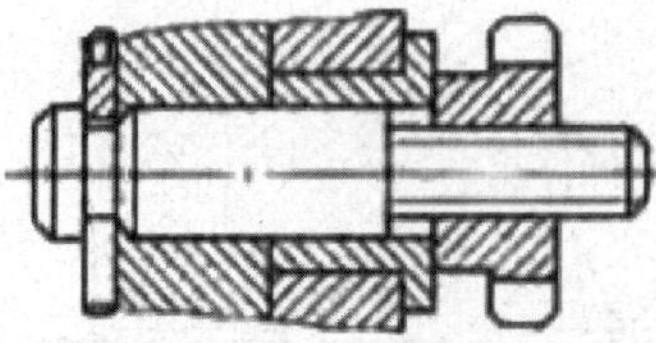	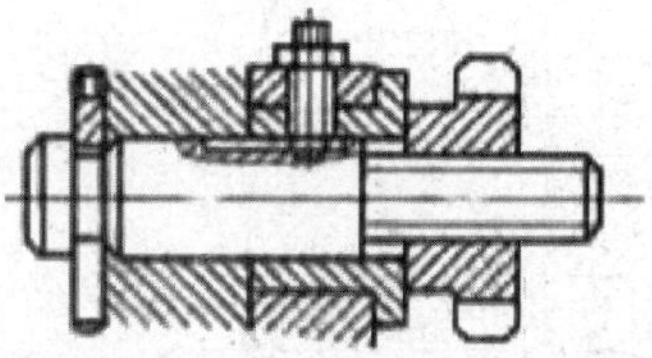	手轮转动时应保证心轴只移动不转动
菱形销	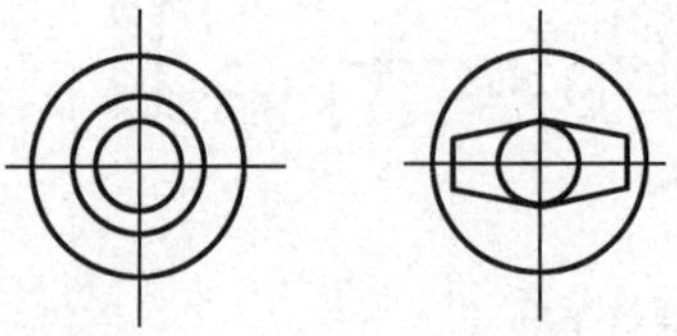	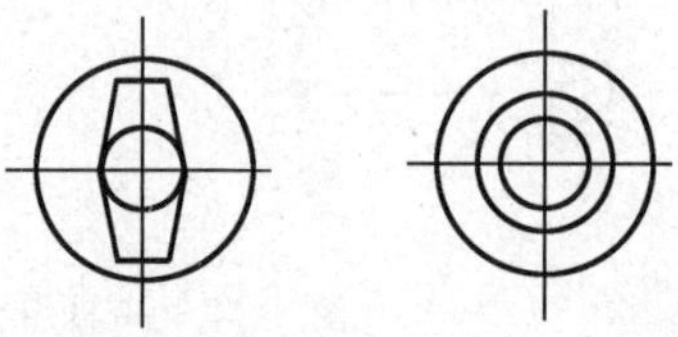	菱形销的长轴应垂直于两销连心线
耳座	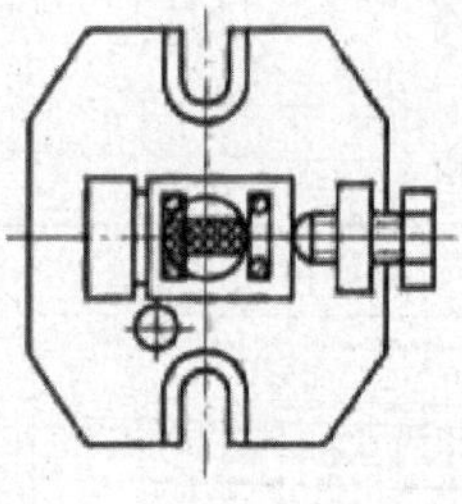	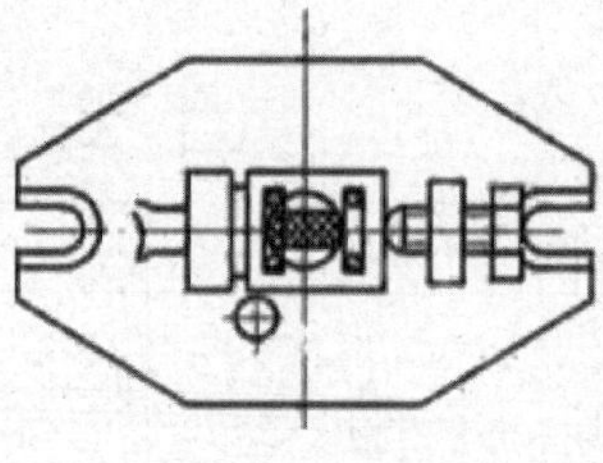	耳座的布置应与夹具在机床工作台的安装及刀具进给方向协调一致
运动件的运动范围	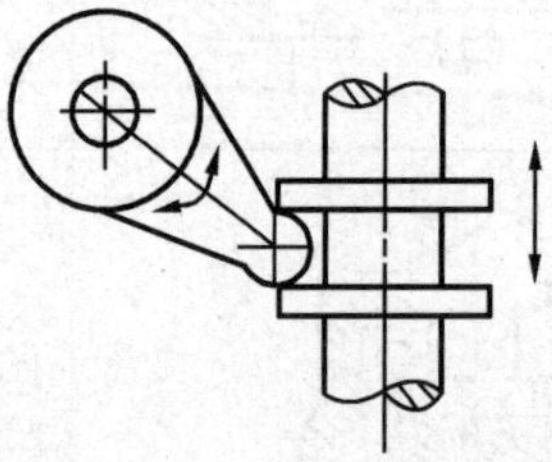	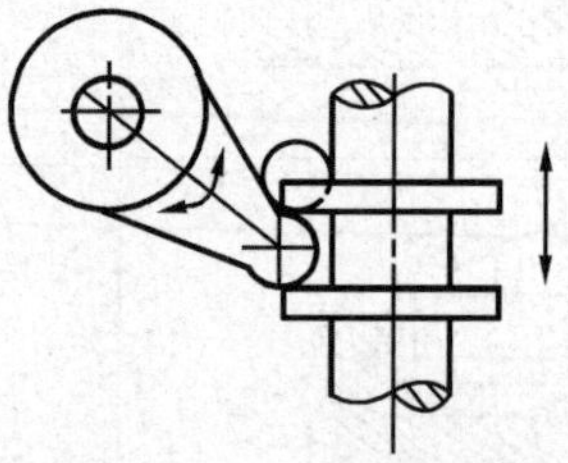	运动件在极限状态下不应卡死

4.5 夹具总图和零件图的绘制

1. 夹具零件图与总图的内容

夹具零件图与普通零件图一致,用于表明夹具组成零件的结构形状、各部分尺寸关系等,用于提供加工的完整信息,夹具零件图的内容如图4-21所示。

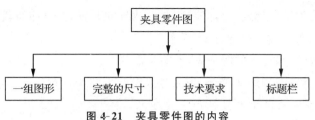

图 4-21　夹具零件图的内容

夹具总图应通过相关元件的结构、相互位置、装配关系、重要尺寸及技术要求等表明夹具的构造与工作原理,为夹具装配、检验等提供必要的技术依据。总图应包括定位装置、夹紧装置、夹具体、对刀或导向元件、分度装置(非必要)及其他元件的结构,相互装配关系,尺寸公差及技术要求等,夹具总图的内容如图 4-22 所示。

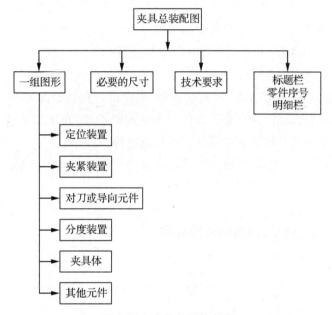

图 4-22　夹具总图的内容

一般绘制完夹具总图后即可绘制夹具零件图,有时候可以将夹具总图与夹具部分零件图穿插进行绘制。

2. 夹具总图的绘制要求

① 总图图样应遵循《技术制图》《机械制图》等标准要求。

② 尽量采用 1∶1 的比例绘制,实在表达不清楚的可以缩小比例或放大比例。

③ 夹具总图应有较高的直观性,主视图应选取正对操作者的工作位置,以方便装配。

④ 在清楚表达夹具工作原理和装配关系的前提条件下,总图上的其他视图等图形表达要尽可能少。

⑤ 总图上的工件应视作一个假想的透明体,即不会遮挡其他元件。

3. 夹具总图的绘制顺序

① 先用细双点画线(或红色细实线)绘制工件的外形轮廓和主要表面。主要表面包括定位基面、夹紧表面和被加工表面。

② 接着依次绘制定位装置、夹紧装置、对刀或导向装置、夹具体及其他连接元件。

③ 标注相关尺寸、公差和其他技术要求。

④ 标注零件编号,编写零件明细表,填写标题栏。

上述绘制顺序并不是一成不变的,可根据实际情况略为调整。

4. 计算机绘图技术在夹具设计中的应用

随着三维造型技术的应用,夹具的设计变得更为轻松、容易。通过计算机三维造型软件,人们可以灵活地进行夹具结构设计,及时修改干涉的尺寸、错误的结构,整个设计过程是一个可逆的、可借鉴的、可重复的流程。

相应的三维造型技术软件有很多,如 UG、CREO、SolidWorks 和 CAXA 等,它们既能完成零件的建模和部件的装配,软件自身也能转换成工程图,进行相应的尺寸、技术要求及零件序号、明细表的填写。若不习惯相关软件的工程图绘制环境,也可以将有关零件、部件输出到 AutoCAD 软件里面,再进行后续环节的标注等操作。

本文以图 2-78 所示钢套钻孔专用夹具设计为例,采用 UG10.0 进行夹具的建模与装配,然后导出至 AutoCAD 进行相关图纸的绘制,来介绍计算机绘制夹图、装配图和零件图的过程。该夹具的结构设计(定位装置设计和夹紧装置设计)在第二章和第三章已经分别介绍了,此处只介绍夹具总图和部分零件图的绘制过程。

将夹具从"建模"环境切换到"制图"环境,新建 A3 图纸,选择主视图的投影方向,生成相应的投影视图,过程如图 4-23 所示。

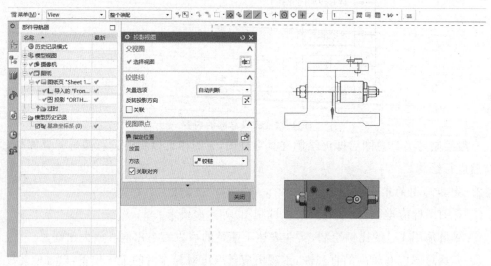

图 4-23 新建夹具图纸

可以根据需要进行相应的剖视、局部剖视等表达,夹具的一组图形如图 4-24 所示。

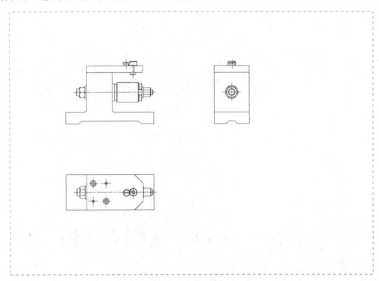

图 4-24　生成夹具图形

在 AutoCAD 绘图软件中继续进行夹具总图的尺寸、技术要求的标注,零件序号与明细表的填写,夹具总图如图 4-25 所示。

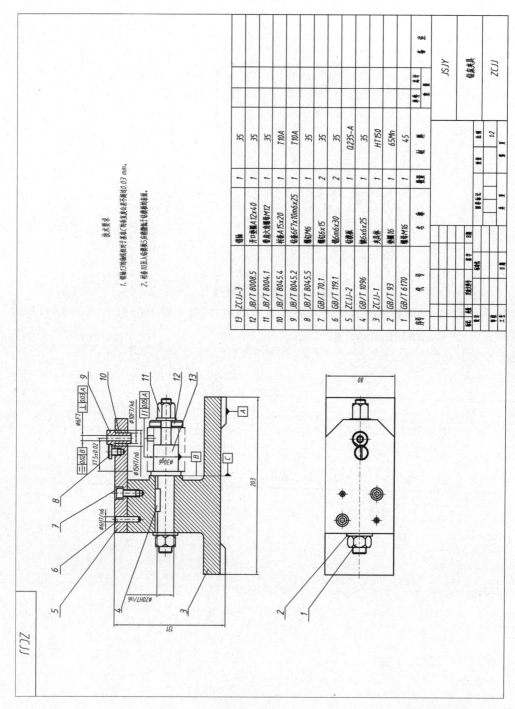

图 4-25 钢套钻孔夹具总图

将夹具体从"建模"环境切换到"制图"环境，设置不可见轮廓线的线型，新建 A3 图纸，选择主视图的投影方向，过程如图 4-26 所示。

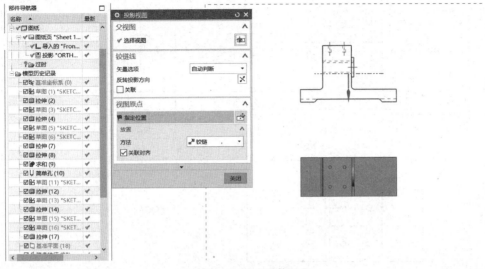

图 4-26　新建夹具体图纸

UG"制图"环境生成的一组图形如图 4-27 所示。

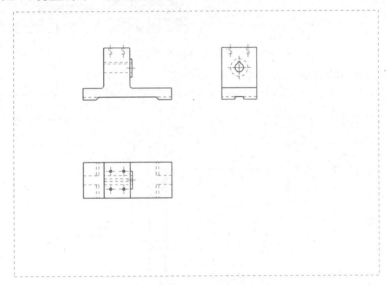

图 4-27　生成夹具体图形

在 AutoCAD 绘图软件中继续进行夹具体的尺寸、技术要求标注，如图 4-28 所示。

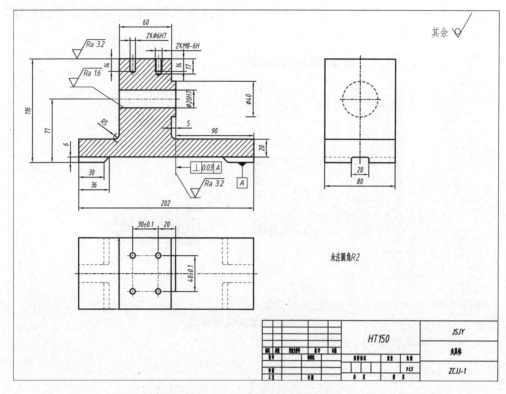

图 4-28 标准夹具体的尺寸、技术要求

采取同样的操作方法获得钻模板的零件图,如图 4-29 所示。

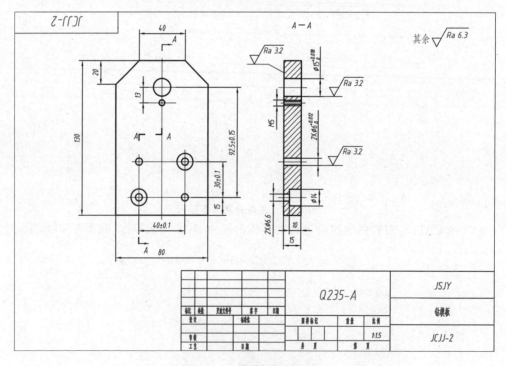

图 4-29 钻模板的零件图

5. 夹具总图的尺寸、公差标注

夹具总图上应标注的尺寸、公差主要有：

(1) 夹具的外形轮廓尺寸

例如，夹具的总长、总宽、总高、外径等。若有可动部分，则指运动件所能达到的极限位置。标注外形轮廓尺寸的目的是避免夹具与机床或者刀具发生干涉。图 4-25 中的 203 mm、131 mm、80 mm 属于该类尺寸。

(2) 工件与定位元件的联系尺寸与公差

例如，定位元件的尺寸、定位元件之间的位置尺寸等。图 4-25 中的 ϕ30g6、(37.5±0.02)mm 属于该类尺寸。

(3) 夹具与刀具的联系尺寸与公差

例如，铣床夹具的对刀尺寸、钻床夹具的导向尺寸等。图 4-25 中的 ϕ6F7 属于该类尺寸。

(4) 夹具与机床的联系尺寸与公差

例如，车床夹具与主轴的连接尺寸，铣床夹具与工作台 T 形槽的连接尺寸，等等。钻床夹具直接安放在钻床工作台上，没有联系尺寸，故图 4-25 中不需要标注。

(5) 夹具内部其他元件之间的配合尺寸和公差

例如，销与夹具体的配合尺寸，衬套与钻模板的配合尺寸，等等。图 4-25 中的 ϕ6H7/n6、ϕ20H7/n6、ϕ10F7/k6、ϕ15H7/n6 属于该类尺寸。

6. 夹具总图的技术要求标注

夹具总图上应标注的技术要求主要有：

(1) 定位元件之间的相互位置要求

例如，"一面两销"定位时的圆柱销与菱形销的平行度要求。

(2) 定位元件与连接元件(或夹具安装面)的相互位置要求

例如，定位销轴与夹具安装面的平行度或者垂直度要求等。图 4-25 中给出了定位销轴与夹具安装面的平行度要求。

(3) 对刀或导向元件与连接元件或夹具安装面的相互位置要求

例如，对刀块的对刀平面与夹具安装面的平行度或者垂直度要求，钻套中心线与夹具安装面的平行度或者垂直度要求，等等。图 4-25 中给出了钻套中心线相对于夹具安装面的垂直度要求。

(4) 对刀或导向元件与定位元件间的相互位置要求

例如，对刀块的对刀平面与"V"形块中心线的平行度或者垂直度要求等。图 4-25 中给出了钻套中心线相对于定位销轴轴线的对称度要求。

7. 夹具总图公差值的确定

在夹具总图上标注尺寸公差是以满足工件加工要求为目的，所以在满足加工要求的前提条件下，尺寸精度越低越有利于夹具的制造。

(1) 直接影响工件加工精度的公差

对于直接影响工件加工精度的公差应取相应工件尺寸公差或位置公差的 $\frac{1}{5} \sim \frac{1}{3}$,例如,图4-25中,工件待加工孔到左端面的距离为(37.5±0.1)mm,则将钻套中心线到相应限位基面的位置尺寸设计为(37.5±0.02)mm。

(2) 直接影响工件加工精度的配合尺寸

对于直接影响工件加工精度的配合尺寸,尽量选取优先配合。例如,图4-25中,钻套安装在钻模板上,钻模板与夹具体的连接通过销定位再紧固,而销与夹具体的配合采用过盈配合或者过渡配合,图中为 $\phi 6H7/n6$。

(3) 夹具上其他重要尺寸的公差与配合

该类尺寸对工件的加工精度有间接影响。对于该类尺寸,其公差等级可参照《机械设计手册》等进行标注。

(4) 工件未注尺寸的处理

工件的尺寸未注公差时,可视为IT12～IT14级,夹具上相应的尺寸公差按照IT9～IT11标注。工件的位置要求未注公差时,可视为IT9～IT11级,夹具上相应的位置公差按照IT7～IT9标注。

机床夹具常用的配合种类和公差等级见表4-2。

表4-2 机床夹具常用的配合种类和公差等级

配合件的工作形式	精度要求		示例
	一般精度	较高精度	
定位元件与工件定位基准间的配合	$\frac{H7}{h6}, \frac{H7}{g6}, \frac{H7}{f7}$	$\frac{H6}{h5}, \frac{H6}{g5}, \frac{H6}{f5}$	定位销与工件基准孔的配合
有引导作用并有相对运动的元件间的配合	$\frac{H7}{h6}, \frac{H7}{g6}, \frac{H7}{f7}$ $\frac{H7}{h6}, \frac{G7}{h6}, \frac{F7}{h6}$	$\frac{H6}{h5}, \frac{H6}{g5}, \frac{H6}{f5}$ $\frac{H6}{h5}, \frac{G7}{h5}, \frac{F6}{h5}$	钻头与钻套间
无引导作用但有相对运动的元件间的配合	$\frac{H7}{f9}, \frac{H9}{d9}$	$\frac{H7}{d8}$	移动夹具底座与滑座的配合
没有相对运动的元件间(无紧固件)的配合	$\frac{H7}{n6}, \frac{H7}{p6}, \frac{H7}{r6}, \frac{H7}{s6}, \frac{H8}{u6}, \frac{H8}{t7}$		固定支承钉、定位销
没有相对运动的元件间(有紧固件)的配合	$\frac{H7}{m6}, \frac{H7}{k6}, \frac{H7}{js7}, \frac{H7}{m7}, \frac{H8}{k7}$		固定支承钉、定位销

注:表中配合种类和公差等级仅供参考。根据夹具的实际结构和功能要求,也可选用其他的配合种类和公差等级。

4.6 夹具零件材料的选择

夹具设计过程的主要零件有定位元件、夹紧元件、夹具体及其他元件等，相关元件的材料不尽相同，应该根据相应国家标准的规定合理选择零件的材料及热处理要求，满足夹具的使用精度和使用寿命要求。

1. 零件毛坯质量要求

① 铸件不许有裂纹、气孔、砂眼、缩松、夹渣等缺陷。
② 锻件不许有裂纹、皱折、飞边、毛刺等缺陷。
③ 焊接件的焊缝不应有未填满的弧坑、气孔、熔渣杂质、基体材料烧伤等缺陷。

2. 零件的热处理要求

① 需要机械加工的铸件或者锻件，加工前应经过时效处理或退火、正火处理。
② 热处理后的零件不许有裂纹或龟裂等缺陷。
③ 零件上的内、外螺纹均不得渗碳。
④ 零件淬火后的表面不应有氧化皮。
⑤ 经过精加工的配合表面不应有退火现象。

主要零件的材料可以参照表 4-3 选择应用。

表 4-3　夹具主要零件所采用的材料及热处理要求

零件种类	零件名称	材料	热处理要求
壳体零件	夹具体及形状复杂的壳体	HT200	时效
	焊接壳体	Q235	
	花盘和车床夹具壳体	HT300	时效
定位元件	定位心轴	$D \leq 35$ mm T8A $D > 35$ mm 45	淬火，HRC 54～60 淬火，HRC 43～48
夹紧元件	斜楔	20	渗碳、淬火、回火，HRC 54～60 渗碳深度 0.8～1.2 mm
	各种形状的压板	45	淬火、回火，HRC 40～45
	卡爪	20	渗碳、淬火、回火，HRC 54～60 渗碳深度 0.8～1.2 mm
	钳口	20	渗碳、淬火、回火，HRC 54～60 渗碳深度 0.8～1.2 mm
	虎钳丝杆	45	淬火、回火，HRC 35～40
	切向夹紧用螺栓和衬套	45	调质，HB 225～255

续表

零件种类	零件名称	材料	热处理要求
夹紧元件	弹簧夹头心轴用螺母	45	淬火、回火，HRC 35～40
	弹性夹头	65Mn	夹头部分淬火、回火，HRC 56～61 弹性部分淬火，HRC 43～48
其他零件	活动零件用导板	45	淬火、回火，HRC 35～40
	凸轮靠模	20	渗碳、淬火、回火，HRC 54～60 渗碳深度 0.8～1.2 mm
	分度盘	20	渗碳、淬火、回火，HRC 58～64 渗碳深度 0.8～1.2 mm
	低速运动的轴承衬套和轴瓦	ZQSn6-6-s	
	高速运动的轴承衬套和轴瓦	ZQPb12-8	

练 习

1. 夹具体有哪些结构类型？各有什么特点？
2. 说明分度装置的作用及组成部分。
3. 阐述专用机床夹具的一般设计步骤。
4. 夹具总装配图需要标注的尺寸和技术要求有哪些？
5. 试对如图 4-30 所示的轴盖铣削 R16 圆弧槽进行专用夹具设计。

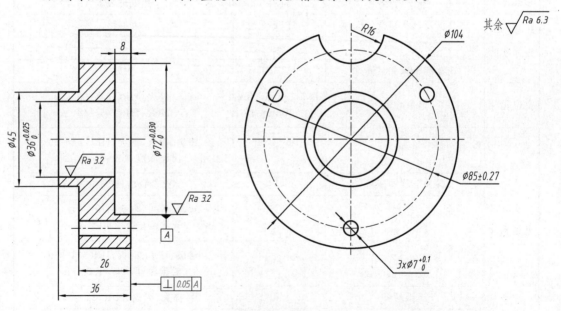

图 4-30 轴盖

5 车床夹具的设计

问题导入

对于如图 5-1 所示的蜗轮箱工件,要车削蜗杆孔时,需要采用怎样的机床夹具?

图 5-1 蜗轮箱

 5.1 车床夹具介绍

车床夹具与圆磨床夹具属于同一类型的加工夹具。车床夹具主要用于车削工件圆柱表面、端面及螺纹等成型表面。根据夹具的使用范围,车床夹具主要分为通用车床夹具和专用车床夹具等类型。通用车床夹具主要包括三爪自定心卡盘、四爪单动卡盘、顶尖等。当工件的外形结构复杂,不便采用通用夹具装夹或者有特殊要求时,需要采用专用车床夹具。

车床夹具有的安装在车床主轴上,有的安装在床身上,而安装在车床主轴上的夹具应用最为广泛,其中角铁式车床夹具、圆盘式车床夹具和心轴式车床夹具三大类最有代表性,下面分别对其进行介绍。

1. 角铁式车床夹具

这类夹具一般拥有类似角铁的夹具体,主要用于加工壳体、支座、杠杆、接头等工件的回转面与端面。实际应用中分为两种情况：

① 工件的主要定位是平面，要求被加工表面的轴线对定位基准保持一定的位置关系（平行或成一定角度）。

② 工件的定位基准虽然不是与被加工表面的轴线平行或成一定角度，但由于工件外形限制，不适宜采用其他种类的夹具，而必须采用半圆孔或"V"形块定位的情况。

图 5-2 所示为气门顶杆车端面夹具。该工件以细小的外圆柱面定位，选取半圆套作为定位元件。为了使夹具旋转起来相对平衡，将夹具体设计成角铁形状，在夹具体上加工出多个平衡孔。

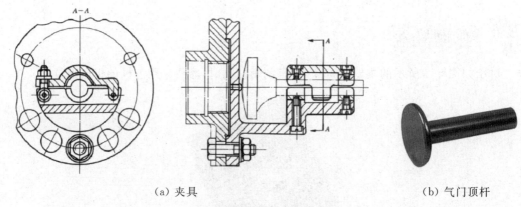

(a) 夹具　　　　　　　　　　　　　　　　(b) 气门顶杆

图 5-2　气门顶杆车端面夹具

2. 圆盘式车床夹具

圆盘式车床夹具的基本特征是夹具体为圆盘形状。该类车床夹具加工的工件比较复杂，多数情况下选用与被加工圆柱面相垂直的平面作为工件的定位基面，即夹具定位平面与车床主轴的轴线相垂直，因此，多数情况下夹具对工件采用端面定位和轴向夹紧。

图 5-3(a) 所示为被加工件，要求加工内孔。选取工件的底面为主要定位基面，相对应的定位元件为大平面支承板。两头外圆柱面为次要定位基面，分别由固定"V"形块和活动"V"形块支承定位。采用螺旋压板夹紧工件，夹紧力实施方便、可靠，夹具如图 5-3(b) 所示。

(a) 工件　　　　　　　　　　(b) 夹具

图 5-3　圆盘式车床夹具应用

3. 心轴式车床夹具

当工件的内孔作为主要加工定位基面,可选用心轴式车床夹具,其主要定位元件是心轴,包括圆柱心轴、弹簧心轴、顶尖心轴及液性介质弹性心轴等,用于加工轴套类、圆盘类工件。圆柱心轴的材料选取 20 钢、20Cr 等,表面渗碳处理,淬硬至 HRC 58~62,小直径心轴直接采用高碳工具钢再淬硬即可。圆柱心轴与工件定位基准孔之间保持一定的配合间隙,配合间隙越小,配合精度越高。弹簧心轴与工件定位基准孔之间的配合间隙,依靠定位部分的均匀张开消除,所以弹簧心轴的制造误差可以适当放宽。

(1) 圆柱心轴

图 5-4 所示为采用圆柱心轴加工保持架的专用夹具。

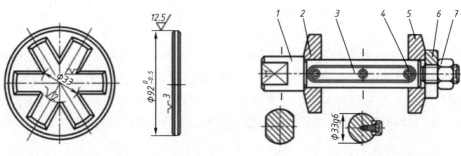

(a) 保持架工序图　　　　　　(b) 加工使用的圆柱心轴

1—心轴;2,5—压板;3—定位键;4—螺钉;6—开口垫圈;7—螺母

图 5-4　圆柱心轴

(2) 弹簧心轴

弹簧心轴结构复杂,主要的结构形式如图 5-5 所示。图 5-5(a)所示为前推式弹簧心轴,当转动螺母 1 时,弹簧筒夹 2 前移,工件被定心夹紧。该结构形式不能进行轴向定位。图 5-5(b)所示为带强制退出的不动式弹簧心轴。转动螺母 3 可推动滑条 4 后移,使锥形拉杆 5 移动,将工件定心夹紧。反转螺母,滑条前移,则筒夹 6 松开。图 5-5(c)所示为加工长薄壁工件用的分开式弹簧心轴,心轴体 12 和 7 分别置于车床主轴和尾座中,用尾座顶尖套顶紧时,锥套 8 撑开筒夹 9,使工件右端定心夹紧。当转动螺母 11 时,筒夹 10 移动,依靠心轴体 12 的 30°锥角将工件另一端定心夹紧。

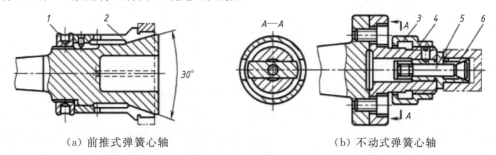

(a) 前推式弹簧心轴　　　　　　(b) 不动式弹簧心轴

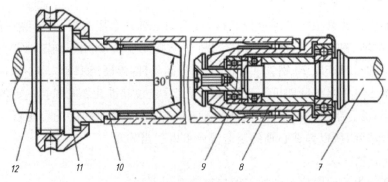

(c) 分开式弹簧心轴

1,3,11—螺母；2,6,9,10—筒夹；4—滑条；5—锥形拉杆；7,12—心轴体；8—锥套。

图 5-5　弹簧心轴

图 5-6(a)所示的阶梯轴，待加工轴段 $\phi 30_{-0.033}^{0}$ mm 相对左端 $\phi 20_{-0.021}^{0}$ mm 轴段的同轴度要求较高，不宜采用三爪自定心卡盘装夹工件，故选用如图 5-6(b)所示的专用弹簧夹头。工件以 $\phi 20_{-0.021}^{0}$ mm 轴段和端面 C 在弹性筒夹内定位，夹具以锥柄插入主轴锥孔中，当拧紧螺母 3 时，其内锥面迫使筒夹的薄壁部分产生均匀变形而收缩，将工件夹紧。

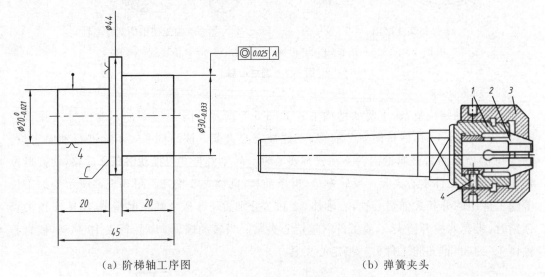

(a) 阶梯轴工序图　　　　　　　　　　　　(b) 弹簧夹头

1—夹具体；2—弹性筒夹；3—螺母；4—螺钉。

图 5-6　弹簧心轴夹具

(3) 顶尖心轴

顶尖心轴结构简单，夹紧可靠，操作方便，应用较为普遍，适用于加工内、外圆无同轴度要求，或只需要加工外圆的套筒类零件。如图 5-7 所示，工件以孔口 60° 角定位车削外圆表面。旋转螺母 6，活动顶尖套 4 左移，推动工件压紧在固定顶尖套 2 上，从而使工件定心压紧。

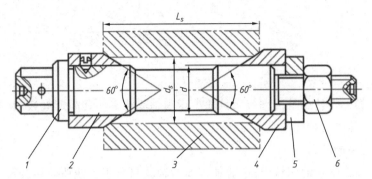

1—心轴；2—固定顶尖套；3—工件；4—活动顶尖套；5—快换垫圈；6—螺母。

图 5-7　顶尖心轴

(4) 液性介质弹性心轴

液性介质弹性心轴只适用于定位孔精度较高的精车、精磨等精加工工序，如图 5-8 所示，薄壁套 5 为弹性元件，它的两端与夹具体 1 过渡配合，当两者间的环形槽与通道内充满液性塑料或者其他液性介质时，拧紧加压螺钉 2，柱塞 3 则对密闭容腔内的介质加压，迫使薄壁套 5 产生均匀的径向变形，致使工件定心并夹紧。当反向拧松加压螺钉 2 时，容腔内介质压力减小，工件在薄壁套的弹性回力下脱开。

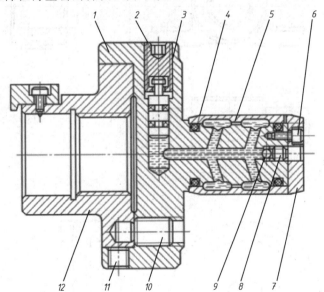

1—夹具体；2—加压螺钉；3—柱塞；4—密封圈；5—薄壁套；6—螺钉；7—端盖；
8—螺塞；9—钢球；10,11—调整螺钉；12—过渡盘。

图 5-8　液性介质弹性心轴

5.2 车床夹具设计要求

车床夹具的工作特点是工件与夹具随车床主轴或花盘一起高速旋转,具有离心力和不平衡惯量,故夹具的安全性非常关键。

1. 定位元件的设计要点

在车床上加工工件的回转面时,被加工面的轴线与车床主轴轴线具有较高的同轴度要求。对于同轴的轴套类、圆盘类工件,要求夹具定位元件工作表面的中心线与夹具的回转轴线重合。对于壳体、支座、接头等工件,当被加工回转面的轴线与工序基准间有尺寸联系或位置度要求较高时,则应以夹具的回转轴线为基准确定定位元件工作表面的位置。

加工如图 5-9(a)所示工件的ϕ32H9 孔采用的夹具如图 5-9(b)所示,定位销距离回转中心给出位置尺寸 $50\pm\delta_b$,支承板距离回转中心给出位置尺寸 $32\pm\delta_a$。

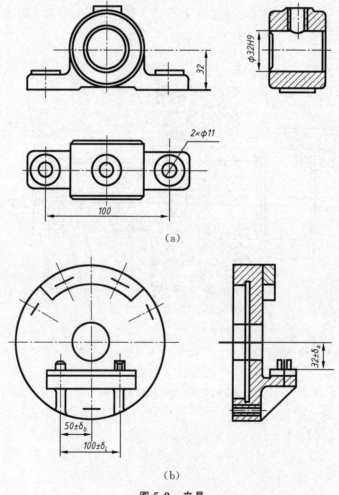

图 5-9 夹具

2. 夹紧装置的设计要点

车削加工时机床的转速较高,工件和夹具高速旋转时的离心力变化较大,尤其是工件的定位基准相对于切削力和离心力的方向是变化的,故采用专用车床夹具装夹工件时一定要注意夹紧方式和夹紧力的选择,保证夹具元件在离心力和回转的惯性下不能松脱。夹紧机构要有足够的夹紧力,自锁性能要良好,优先选用螺旋夹紧机构,并用弹簧垫圈、锁紧螺母锁紧,防止发生人身伤害事故。对于角铁式夹具要特别注意夹紧力的作用位置,避免夹具高速旋转时受力变形。

如图 5-10(a)所示,对工件实施径向夹紧方式,切削加工时会造成工件悬伸部分变形,工件和夹具的离心力会加重这种变形。若采用如图 5-10(b)所示的铰链压板夹紧机构,则压板造成的工件变形较小,夹紧效果较好。

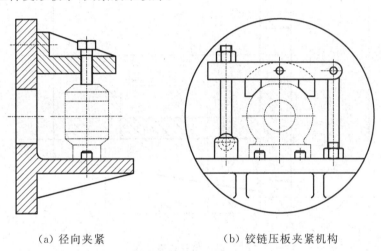

(a) 径向夹紧　　　　(b) 铰链压板夹紧机构

图 5-10　夹紧方式选择

3. 夹具体

夹具体的外形轮廓应设计成圆形,为了保证安全,夹具上的定位元件、夹紧装置等不应大于夹具体的直径。为了解决切屑缠绕和切屑液飞溅等问题,必要时可在夹具体外边缘设置防护罩,以免发生意外事故。如图 5-11 所示,夹具体的外边缘设置了防护罩 2。

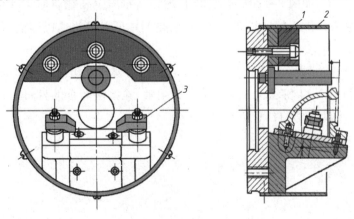

1—平衡块;2—防护罩;3—钩形压板。

图 5-11　设置防护罩

夹具体的安装面与装配面之间应有一定的位置关系,并且表面粗糙度要求较高,如图 5-12 所示,该角铁式夹具体的安装面 A 与装配面 B 给出垂直度要求。由于车床夹具体为旋转体,所以还设置了找正圆面 C,以确定夹具的旋转轴线的位置。

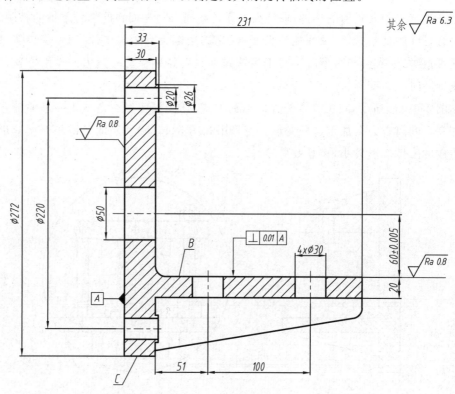

图 5-12　角铁式夹具体

4. 夹具与机床主轴的连接方式

由于夹具与工件随车床主轴高速旋转,夹具与机床的连接要安全、可靠。夹具与机床主轴的连接方式主要有通过锥柄与机床主轴连接和通过过渡盘与机床主轴连接两种方式。

当夹具的径向尺寸较小时(外径 $D<140$ mm 或 $2d \leqslant D \leqslant 3d$),可以设计锥柄直接安装在车床主轴锥孔里面,如图 5-13 所示,并用长螺栓从车床主轴孔后面穿过拉紧(有后顶尖除外)。这种连接方式定心精度较高,对于心轴类夹具可以采用莫氏锥柄与车床主轴锥孔配合连接。

当夹具的径向尺寸较大时($2.5 \leqslant d \leqslant D \leqslant 3.8d$),需要在专用夹具与车床主轴间增加一个过渡法兰盘,如图 5-14 所示。为了保护机床主轴,连接法兰盘的材料需采用铸铁,与主轴锥孔配合的零件,其硬度 HRC 应小于 45。

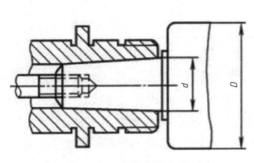

图 5-13　锥柄连接方式

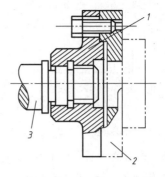

1—过渡盘；2—工件；3—主轴

图 5-14　过渡盘连接方式

夹具以定位止口按 H7/h6 或 H7/js6 安装在过渡法兰盘的凸缘上，并用螺钉紧固，如图 5-15 所示。过渡盘与主轴轴径也参照该配合，并有螺栓与主轴连接。为了提高定位精度，在过渡盘与主轴连接后，再将凸缘精车一刀。该过渡盘可作为机床附件，供后续使用。

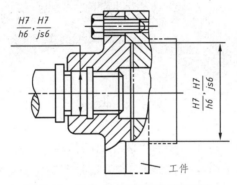

图 5-15　夹具、过渡盘、主轴连接配合

当采用较长的心轴作为定位元件时，可以选取夹具的前后部位与车床主轴前顶尖、尾座后顶尖相连接，如图 5-16 所示。

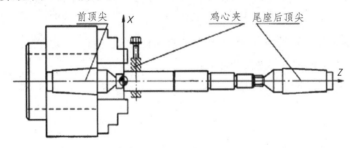

图 5-16　采用顶尖装夹工件

5. 夹具的悬伸长度

由于车床夹具是在悬伸状态下工作的，为了保证切削加工的平稳性，夹具的结构要紧凑、简单、轻便，悬伸长度要短，尽可能靠近车床主轴。夹具的悬伸长度 L 与夹具轮廓直径 D 之比可以按照表 5-1 选取。

表 5-1　夹具的悬伸长度 L 与夹具轮廓直径 D 之比

D 的范围	$D \leqslant 150$ mm	$150 < D \leqslant 300$ mm	$D > 300$ mm
L/D	$\leqslant 1.25$	$\leqslant 0.9$	$\leqslant 0.6$

6. 夹具的静平衡

采用专用车床夹具车削加工时,夹具与工件的结构一般不规则,装夹后的夹具质心与回转中心偏离较大,尤其是角铁式车床夹具,其定位元件和其他元件总是布置在主轴轴线一侧,故需要设置平衡块或减重孔来达到夹具的静平衡。夹具如果不平衡,车床主轴的轴承会因为磨损而过早失去精度。一般采用隔离法估算平衡块的质量或减重孔的大小。即把包括工件在内的夹具上的各个元件隔离成几个部分,相互平衡的部分可以抵消,对不平衡的部分按照力矩平衡原理计算出平衡块的质量或减重孔的大小。为了弥补算法的不确定性,平衡块(或夹具体)上应开有径向槽或环形槽,以便调整,如图 5-17 所示。

图 5-17　平衡块

7. 夹具装配图的尺寸要求

车床夹具装配图上除了遵守一般部件装配图的标注要求外,还需要注意自身的要点,即在夹具装配图上应标注出影响定位误差、安装误差和调整误差相关的尺寸与技术要求。内外圆磨削夹具的设计可以参照车床夹具设计要点。

一般标注的技术条件主要有:

① 与工件配合的圆柱面(定位表面)的轴线与工件轴线的同轴度。

② 定位表面与其轴向定位台肩的垂直度。

③ 夹具定位表面对夹具在机床上安装面的垂直度或平行度。

④ 各个定位表面间的垂直度或平行度。

⑤ 定位表面的直线度和平面度或等高性。

5.3　车床夹具项目设计

5.3.1　蜗轮箱车孔夹具设计

蜗轮箱零件如图 5-18 所示,材料为 HT200,中批量生产,其加工工艺流程主要有:铸造毛坯→铣大端基准面→铣侧端基准面→铣小端基准面→铣箱体其他三个面→质检→粗、精车蜗轮孔及端面→粗、精车蜗杆孔及端面→质检→钻孔→沉孔加工→攻螺纹→去毛刺→入库。现要求设计车削蜗杆孔$\phi 43^{+0.025}_{\ 0}$ mm与端面该道工序的专用夹具。

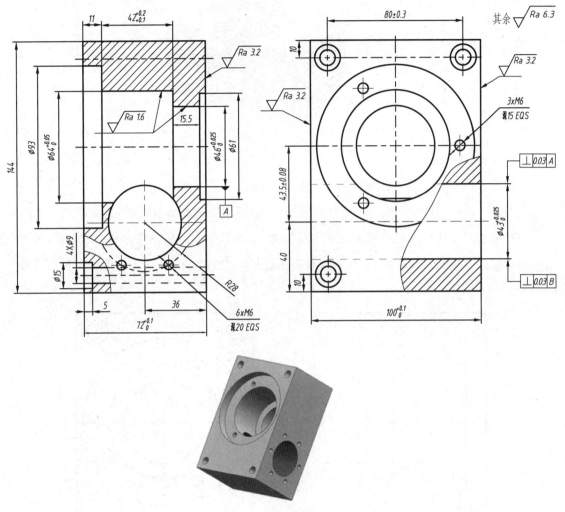

图 5-18　蜗轮箱

1. 定位装置设计

(1) 分析加工要求

蜗杆孔的孔径为$\phi 43^{+0.025}_{\ 0}$ mm，精度较高，建立如图 5-19 所示的工件坐标系。蜗杆孔$\phi 43^{+0.025}_{\ 0}$ mm的中心线距离工件底面 36 mm，应限制工件$\vec{X}$、$\vec{Y}$、$\vec{Z}$三个自由度；蜗杆孔$\phi 43^{+0.025}_{\ 0}$ mm的中心线垂直工件后面，应限制工件$\vec{X}$、$\vec{Y}$两个自由度；又蜗杆孔$\phi 43^{+0.025}_{\ 0}$ mm的中心线距离蜗轮孔$\phi 46^{+0.025}_{\ 0}$ mm中心线(43.5±0.08)mm，故还应限制工件$\vec{Y}$自由度。综上所述，为了满足加工要求，工件需要完全定位。

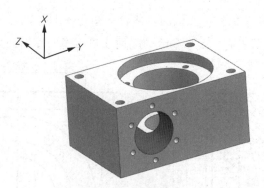

图 5-19 工件坐标系

(2) 确定定位方法

按照定位基准与工序基准重合的原则,工件的底面、后面和蜗轮孔$\phi 46^{+0.025}_{0}$ mm 应作为定位基面。选取工件的底面作为主要定位基面,采用大平面支承板支承定位,限制 $\vec{X}$、$\vec{Y}$、$\vec{Z}$ 三个自由度。工件的后面作为次要定位基面,布置两个支承钉或支承板,限制 $\vec{Z}$、$\vec{X}$ 两个自由度。工件的蜗轮孔$\phi 46^{+0.025}_{0}$ mm 设置削边销(菱形销)限制 $\vec{Y}$ 自由度。定位示意图如图 5-20 所示。

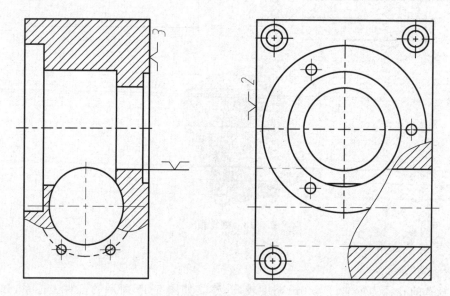

图 5-20 定位示意图

(3) 设计定位元件

根据上述定位要求,采用支承座的顶面来支承工件的底面,利用销轴的削边结构支承工件的蜗轮孔$\phi 46^{+0.025}_{0}$ mm,工件的后面布置两个标准支承钉,定位方案如图 5-21 所示。支承座与销轴为专用件,需要设计、加工。

5 车床夹具的设计

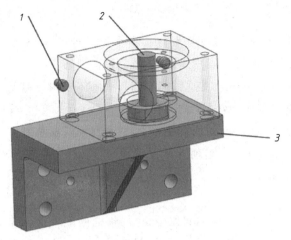

1—支承钉；2—销轴；3—支承座。

图 5-21 定位方案

① 支承座。

支承座(图 5-22)通过四个 M16×40 的螺栓与夹具体连接，并用两个 $\phi 10 \times 40$ 圆柱销与夹具体配合来保证安装精度。支承座的顶面为限位基面，表面粗糙度要求较高，右端留出沉孔 $\phi 28^{+0.021}_{0}$ mm 用于安装销轴。

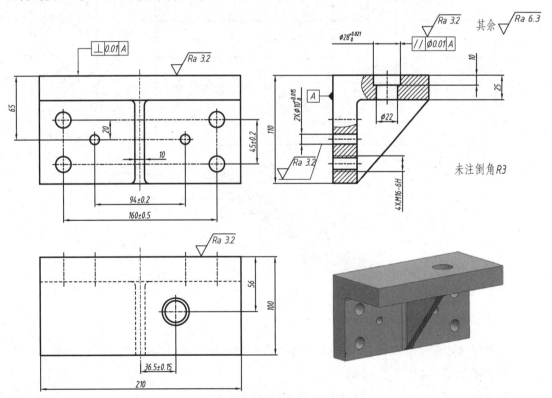

图 5-22 支承座

② 支承钉。

选取两个标准支承钉(图5-23)A12×6(JB/T 8029.2—1999)布置在工件的后面。两个支承钉的间距要远,尽量靠近工件的左右两侧端面,以便较好地保证支承刚度。支承钉的小端与夹具体采用过渡配合(ϕ8H7/n6),夹具体要加工出ϕ8H7的内孔。

为了满足蜗杆孔对工件后面的垂直度要求,两个支承钉安装到位后,需要随夹具体在车床上加工(车削支承钉端面)以满足等高要求,允许误差不超过0.01 mm。

图5-23 支承钉

③ 销轴。

蜗轮孔与销轴采用间隙配合(ϕ46H7/g6),将销轴的配合面$\phi 46_{-0.025}^{-0.009}$ mm制成削边结构,只限制工件的$\vec{Y}$自由度。销轴与支承座采用过渡配合(ϕ28H7/n6),其安装配合面尺寸为$\phi 28_{+0.015}^{+0.028}$ mm,并用对顶螺母拧紧,另一端留有螺纹结构M20,用于配合锁紧装置使用。销轴的结构尺寸如图5-24所示。

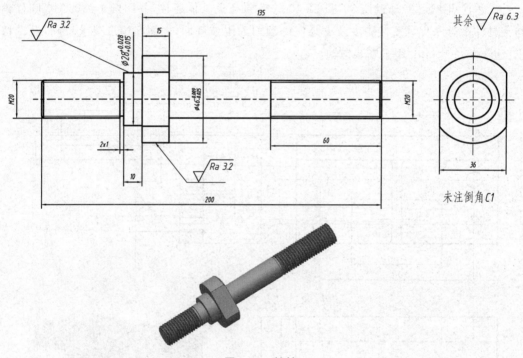

图5-24 销轴

(4) 计算定位误差

选择和设计定位元件后,需要对定位方案进行分析和计算,以验证方案是否合理。

① 蜗杆孔直径$\phi 43_{0}^{+0.025}$ mm。

孔径$\phi 43_{0}^{+0.025}$ mm由加工刀具保证,不需要计算定位误差。

② 工序尺寸(43.5±0.08)mm。

工序尺寸(43.5±0.08)mm的工序基准为蜗轮孔$\phi 46_{0}^{+0.025}$ mm的中心线,定位基准也

是蜗轮孔中心线,定位基准与工序基准重合,基准不重合误差为

$$\Delta_B = 0$$

定位元件销轴与蜗轮孔间隙配合,构成任意边接触,基准位移误差 Δ_Y 计算如下:

$$\Delta_Y = \delta_D + \delta_d + X_{\min} = (0.025 + 0.016 + 0.009)\text{mm} = 0.05 \text{ mm}$$

则工序尺寸(43.5±0.08)mm 的定位误差为

$$\Delta_D = \Delta_Y = 0.05 \text{ mm}$$

定位误差小于工序尺寸(43.5±0.08)mm 尺寸公差的 $\frac{1}{3}$,故满足要求。

③ 对蜗轮孔中心线的垂直度公差 0.03 mm。

采用平面定位,基准位移误差 $\Delta_Y = 0$。

工序基准为蜗轮孔中心线,存在基准不重合误差 $\Delta_B = 0.01$ mm,则定位误差 $\Delta_D = \Delta_B = 0.01$ mm,符合要求。

④ 对工件后面的垂直度公差 0.03 mm。

采用平面定位,基准位移误差 $\Delta_Y = 0$。

工序基准为蜗轮孔中心线,存在基准不重合误差 $\Delta_B = 0.01$ mm,则定位误差 $\Delta_D = \Delta_B = 0.01$ mm,符合要求。

故采用上述定位方案可以满足加工要求。

2. 夹紧装置设计

由于选取了蜗轮箱的底面作为主要定位基面,故夹紧力的作用方向要垂直于工件的底面(图 5-25)。

采用螺旋压板夹紧方案(图 5-26),自锁性能好。选用带肩六角螺母 M20(JB/T 8004.1—1999),能够保持良好的夹紧效果。

由于采用手动夹紧,可以不计算夹紧力的大小,只需要保证夹紧装置的自锁性。

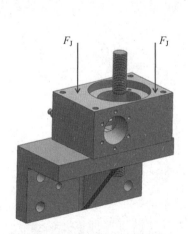

图 5-25 夹紧力的作用方向

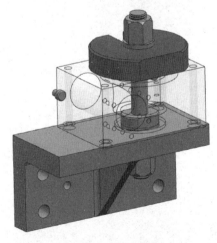

图 5-26 夹紧方案

为了不超过工件的轮廓,减少夹具的悬伸长度,将压板(图 5-27)两侧削边,并在一侧加工出开口,以便快速拆卸工件。

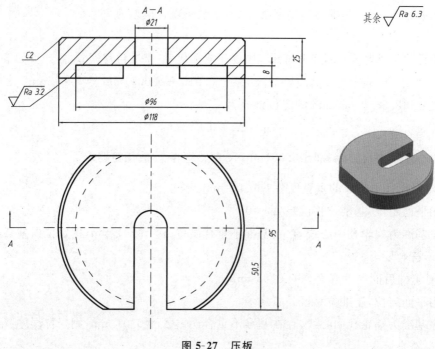

图 5-27 压板

3. 夹具体设计

夹具通过夹具体与车床(CA6140)连接,所以需要对夹具体进行结构设计。夹具体与车床主轴法兰盘采用ϕ206H7/js6 配合,夹具体需要加工出安装孔,通过螺钉与主轴相连接。

参照支承座、销轴等元件结构尺寸及车床主轴端部的联系尺寸,夹具体的结构如图 5-28 所示,材料选取 HT200,厚度为 30 mm,以承受车削加工中的切削力和振动,保证夹具拥有足够的强度与刚度。

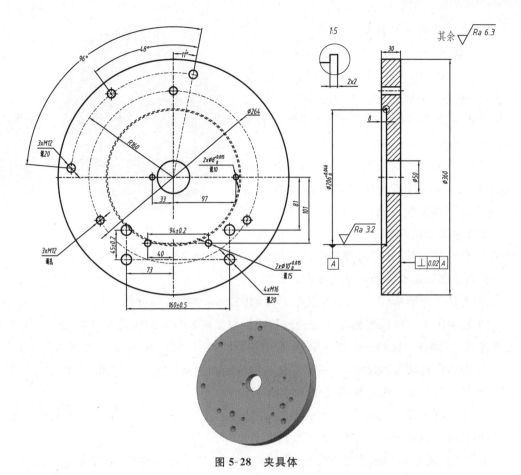

图 5-28　夹具体

4. 平衡块设计

采用夹具装夹工件后,其质心与回转中心不重合,故需要设置平衡块或减重孔来达到夹具的静平衡。本夹具采取增加平衡块(图 5-29)的方法,平衡块上开有环形槽,以便调整位置,保证平衡效果。平衡块选用三个 M12×35 的螺栓配合垫圈与夹具体紧固。

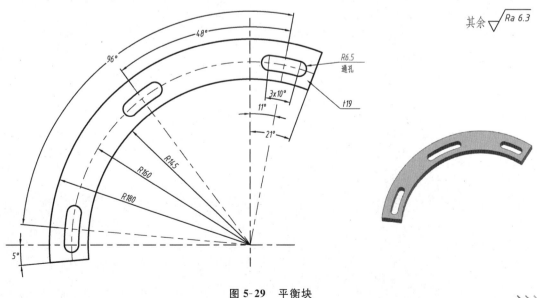

图 5-29　平衡块

5. 夹具的装配与使用

首先将两个支承钉 A12×6 压入夹具体里面，通过两个φ10×40 的圆柱销将支承座与夹具体定位，并用 4 个螺栓 M16×40 紧固。接着把销轴放置在支承座φ28H7 的沉孔，并保证削边所在面与支承座前端平行。然后将蜗轮箱零件与支承座、支承钉与销轴支承定位，并用螺旋压板夹紧。最后通过螺钉将平衡块与夹具体连接，整套夹具即装配完成，如图 5-30 所示。

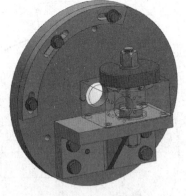

图 5-30 夹具

蜗轮箱车孔

夹具总图如图 5-31 所示，其表明了夹具的使用方法、组成元件、元件之间的位置关系及保证夹具精度的技术要求等。

夹具总图需要标注的尺寸主要有：

① 夹具的外形轮廓尺寸，如夹具的外径φ360 mm，宽度 130 mm。

② 影响工件定位精度的尺寸、公差，如销轴与工件定位孔的配合尺寸φ46g6，支承座与工件待加工孔的距离(36±0.2)mm，销轴与夹具体的距离尺寸 56 mm。

③ 影响夹具精度的尺寸，如销轴与夹具体的中心距离尺寸(43.5±0.02)mm。

④ 夹具与车床主轴的联系尺寸，如φ206H7。

⑤ 其他重要尺寸，如圆柱销与夹具体的配合尺寸φ10H7/n6，支承钉与夹具体的配合尺寸φ8H7/n6，销轴与支承座的配合尺寸φ28H7/n6。

夹具总图需要标注的技术主要有：定位元件之间的垂直度要求，定位元件与夹具安装面的垂直度要求，定位元件与夹具装配面的平行度要求及其他注意事项，等等。

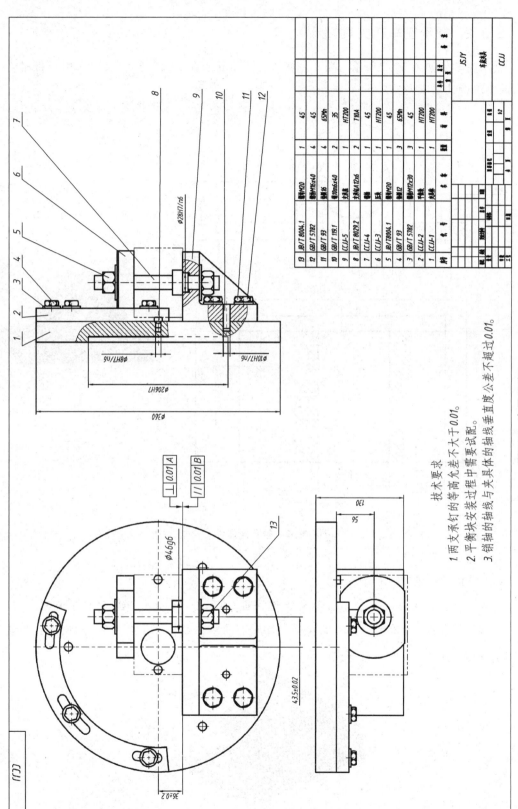

图5-31 夹具总图

5.3.2 轴承座车孔夹具设计

轴承座零件如图 5-32 所示。要车削 $\phi 50_{\ 0}^{+0.025}$ mm 的孔，工件毛坯为铸件，中小批量生产，现要求设计车床夹具。

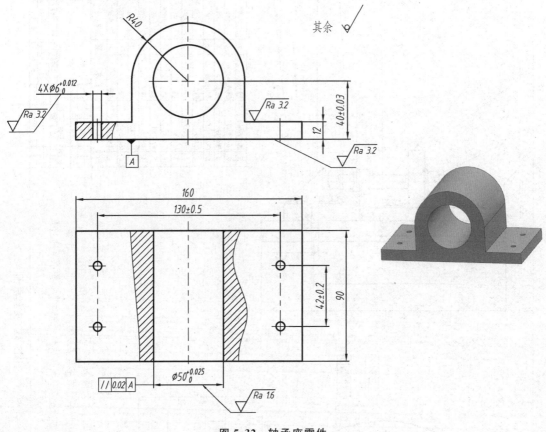

图 5-32 轴承座零件

1. 定位装置设计

（1）分析加工要求

待加工孔孔径为 $\phi 50_{\ 0}^{+0.025}$ mm，距离工件底面 (40 ± 0.03) mm。建立工件坐标系，如图 5-33 所示，要保证 $\phi 50_{\ 0}^{+0.025}$ mm 的孔到工件底面的距离及相关位置要求，理论上共需要限制工件 $\vec{X}$、$\vec{Y}$、$\widehat{X}$、$\widehat{Y}$ 四个自由度。

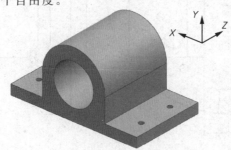

图 5-33 工件坐标系

(2) 确定定位方法

工件的底面和 4 个 $\phi 6^{+0.012}_{\ 0}$ mm 的孔均已加工好,这为定位方案设计提供了条件,可以采用"一面两孔"定位方法,如图 5-34 所示,即选取工件的底面作为主要定位基面,限制工件 $\vec{Y}$、$\vec{X}$、$\vec{Z}$ 三个自由度。工件两侧的两个 $\phi 6^{+0.012}_{\ 0}$ mm 的孔分别限制工件 $\vec{X}$、$\vec{Z}$、$\vec{Y}$ 三个自由度,从而实现完全定位。

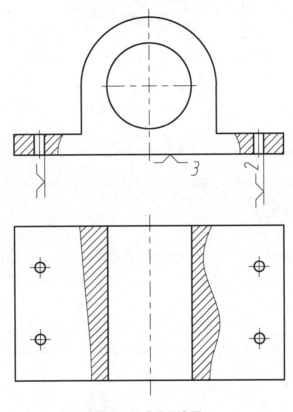

图 5-34　定位示意图

(3) 设计定位元件

工件的定位方法为"一面两孔",相应的定位元件应为"一面两销"。具体定位元件布置如图 5-35 所示,工件的底面设置支承板支承,可以限制工件 $\vec{Y}$、$\vec{X}$、$\vec{Z}$ 三个自由度;给工件一侧的 $\phi 6^{+0.012}_{\ 0}$ mm 的孔设置圆柱销,可以限制工件 $\vec{X}$、$\vec{Z}$ 两个自由度;给工件另一侧的 $\phi 6^{+0.012}_{\ 0}$ mm 的孔布置菱形销,可以限制工件 $\vec{Y}$ 自由度。

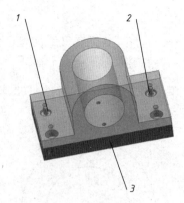

1—菱形销；2—圆柱销；3—支承板。

图 5-35　定位方案

① 支承板。

支承板的结构如图 5-36 所示，其两侧制出沉孔结构，分别用于安装圆柱销和菱形销，两销的中心距取两孔中心距的 $\frac{1}{3}$，即 (130 ± 0.15) mm。支承板还需要提供两个圆柱销与夹具体定位，再采用螺钉紧固。

② 圆柱销。

圆柱销的结构如图 5-37 所示，其工作面的直径取与之配合的工件孔的最小极限尺寸，公差取 g6 或 h7，故工作面直径为 $\phi 6_{-0.012}^{-0.004}$ mm。将圆柱销的尾端压入支承板，直接采用 H7/r6 过盈配合。

③ 菱形销。

菱形销的结构如图 5-38 所示，其工作面的尺寸取 $\phi 6_{-0.058}^{-0.050}$ mm，尾端与支承板同样采用 H7/r6 过渡配合。

图 5-36　支承板

图 5-37　圆柱销

图 5-38　菱形销

2. 夹紧装置设计

因为工件的底面作为主要定位基面，则工件夹紧力的作用方向应垂直于工件底面，如图 5-39 所示。

采用手动螺旋夹紧方式，布置简单，自锁性能好。具体夹紧方案如图 5-40 所示，在工件的两侧设置两副移动式螺栓压板，将工件与支承板紧紧地压在夹具体上。

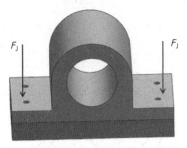

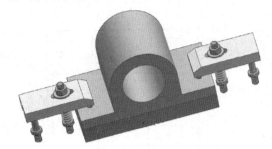

图 5-39　夹紧力的作用方向　　　　　　　图 5-40　夹紧方案

3. 夹具体设计

采用角铁式夹具体，并设置了找正圆。该夹具不需要设计过渡盘，采用通用的法兰盘与车床主轴连接，故给夹具体加工出 3 个螺纹孔，用于连接车床主轴，夹具体结构如图 5-41 所示。

4. 平衡块设计

本夹具结构不对称，需要设置平衡块，参照定位元件、夹紧装置等的质量，设计平衡块（图 5-42），通过两个螺钉与夹具体连接。

5. 夹具的使用及特点

夹具如图 5-43 所示，通过"一面两销"，将轴承座完全定位，采用对称布置的螺旋压板夹紧，自锁性能好，避免加工过程中离心力、惯性力对夹具的影响。考虑到夹具的质心与回转中心不重合，设置了平衡块，以保证夹具的相对平衡。在夹具体表面设置了找正圆，这样能够方便校正加工回转中心。

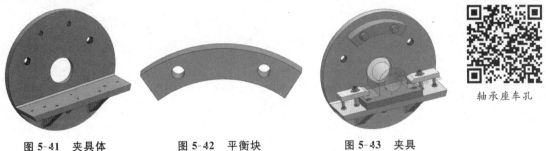

轴承座车孔

图 5-41　夹具体　　　　图 5-42　平衡块　　　　图 5-43　夹具

练习

1. 车床专用夹具的种类有哪些？各自有哪些应用范围？
2. 设计车床夹具的夹紧装置时，需要注意的要求有哪些？
3. 安装在车床主轴上的夹具与机床的连接方式有哪些？
4. 为什么车床夹具一般需要设置平衡块？
5. 说明车床夹具装配总图上需要标注的尺寸与技术要求。

6. 试对如图 5-44 所示的开合螺母精镗 $\phi 40^{+0.027}_{0}$ mm 的孔及车端面工序进行车床夹具设计。

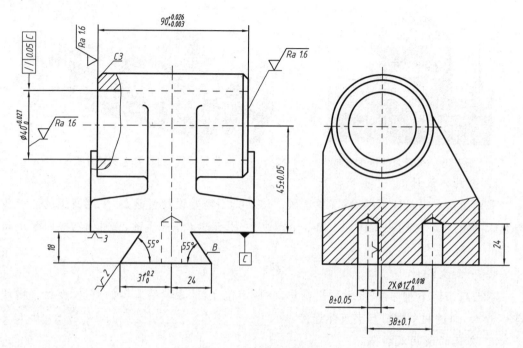

图 5-44 开合螺母工序图

6　铣床夹具的设计

　问题导入

对于如图 6-1 所示的连杆零件，要求铣削连杆上、下端面的八槽。工件毛坯为锻件，中批量生产，请问应该采用什么样的夹具？

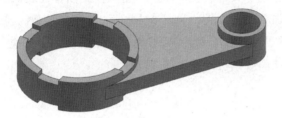

图 6-1　连杆

　6.1　铣床夹具介绍

铣床夹具用于铣削工件的平面、沟槽、缺口及花键等成型表面。按照使用范围，可以分为通用铣床夹具和专用铣床夹具等。通用铣床夹具主要有平口虎钳、自定心卡盘和单动卡盘等，它们已经标准化，一般作为机床的附件生产。

由于在铣削加工中，多数情况下工件会随工作台一起做进给运动，而夹具的整体结构又很大程度上取决于进给方式，故也可以将铣床夹具分为直线进给式、圆周进给式及靠模进给式三种。

6.1.1　直线进给式铣床夹具

这类夹具装在铣床工作台上，随工作台一起做直线进给运动。按照加工过程中夹具一次装夹工件的数目，又可分为单件铣削夹具和多件铣削夹具两种类型。

单件铣削夹具加工中一次只能装夹一个工件，完成特定表面的加工，一般在单件小批量生产中使用或者用于加工结构尺寸较大的工件。如图 6-2 所示，工件 2 在支承套 6、固定

"V"形块1和活动"V"形块3上定位,通过偏心轮4推动活动"V"形块3夹紧工件。夹具利用两个定位键与铣床工作台T形槽配合定位,并在两端通过耳座与机床工作台连接。

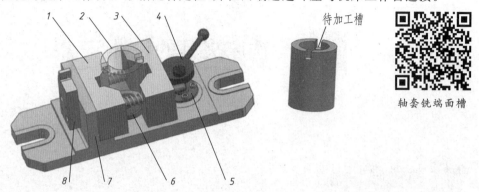

1—固定"V"形块;2—工件;3—活动"V"形块;4—偏心轮;5—底座;6—支承套;7—夹具体;8—对刀块。

图6-2 单件铣削夹具

多件铣削夹具广泛用于大批量生产的中小型工件相同特征表面的加工,实际生产中又分为连续加工和平行加工两种方式。如图6-3所示,工件2需要铣削头部两侧扁方。工件2以外圆、端面在单面"V"形块5、双面"V"形块6及定位块7上完全定位,通过旋转手轮4夹紧,每次装夹五个,铣削效率得到极大的提高。

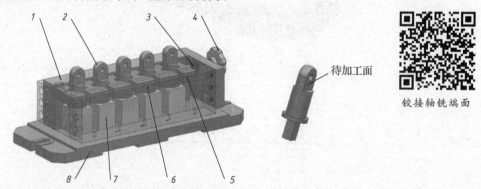

1—导轨基座;2—工件;3—螺杆;4—手轮;5—单面"V"形块;6—双面"V"形块;
7—定位块;8—夹具体。

图6-3 多件铣削夹具

6.1.2 圆周进给式铣床夹具

圆周进给式铣床夹具一般在有回转工作台的专用铣床上使用,依靠回转台的旋转将工件顺序送入加工区域,以实现连续切削加工。若在通用铣床上使用,需要进行改造,安装回转台。这种铣削进给方式,夹具结构紧凑,方便操作,可以在不停车的状况下装卸工件,机动时间与辅助时间重叠,属于一种高效铣床夹具,主要用于工件的大批量生产。

图6-4所示为在立式双头回转铣床上铣削柴油机连杆端面的情形。夹具沿着圆周排列,结构紧凑,且机床有双主轴,可以顺序实现粗铣与精铣,加工效率得到极大的提高。

6 铣床夹具的设计

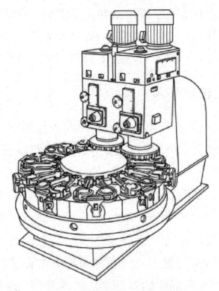

图 6-4 连杆圆周铣削夹具

如图 6-5 所示,拨叉采用圆周进给夹具铣削上、下两端面。工件以底面、内孔和外边缘作为定位基面。选择定位销 2 和挡销 4 作为定位元件,通过液压缸 6 带动拉杆 1 夹紧。工件随夹具安装在转台 5 上,一次可以装夹 12 个。加工区域分为装卸区域和切削区域,切削区域的工件加工完成后,随转台旋转,开始卸下工件再装夹,而原来装卸区域的工件被顺序送入切削区域依次加工。

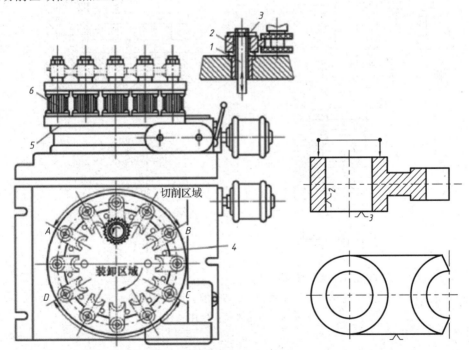

1—拉杆;2—定位销;3—开口垫圈;4—挡销;5—转台;6—液压缸。

图 6-5 圆周进给铣削拨叉夹具

设计圆周进给式铣床夹具时要特别注意加工节拍,控制加工节奏。如果加工节奏太快,造成工人劳动强度高,可能会造成安全事故;如果加工节奏太慢,则不能保证加工效率。工件沿圆周排列要求尽量紧凑,这样可以减少刀具空行程时间。

6.1.3 靠模进给式铣床夹具

零件上的各种成型表面可以在靠模铣床上按照靠模仿形加工,也可在通用铣床上依据靠模进给夹具切削加工。靠模夹具的作用就是使主运动和靠模进给运动合成为加工所需的仿形运动。

图 6-6(a)所示为靠模直线进给式铣床夹具的仿形部分,靠模板 2 和工件 4 分别安装在机床工作台的夹具上,滚柱滑座 6 和铣刀滑座 5 连成一体,它们的中心距 k 保持不变。滑座组合体在外力的作用下,使滚柱 1 一直压在靠模板 2 上。当工作台直线进给时,滑座组合体即获得相应的辅助运动,迫使铣刀 3 按照靠模板 2 的曲线轨迹进行切削运动,铣出需要的成型表面。图 6-6(b)所示为靠模圆周进给式铣床夹具,靠模板 2 和工件 4 安装在回转台 7 上,分别与滚柱 1 和铣刀 3 接触。当转台做圆周运动时,滑座 8 便带动工件相对于铣刀 3 做所需要的仿形运动,从而加工出与靠模相仿的成型表面。

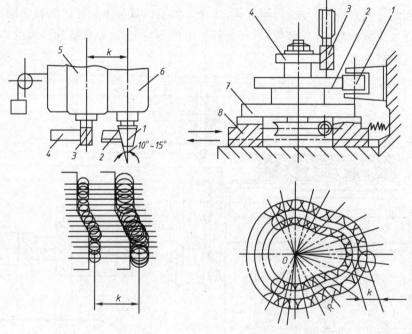

(a) 靠模直线进给式铣床夹具　　　　(b) 靠模圆周进给式铣床夹具

1—滚柱;2—靠模板;3—铣刀;4—工件;5—铣刀滑座;6—滚柱滑座;7—回转台;8—滑座。

图 6-6　靠模进给式铣床夹具

6.2 铣床夹具设计要求

铣削加工属于断续切削加工方式,加工余量较大,所以需要的切削力也较大,而且切削力的大小与方向随时有可能发生变化。这种切削加工容易引起冲击和振动,故要求夹具定位稳定、夹紧可靠。此外,铣床夹具还要具有足够的强度和刚度,必要的时候需要设置加强筋。

6.2.1 定位元件设计要点

设计定位元件时特别要注意工件定位的稳定性和定位装置的刚性。例如,增大主要支承的面积,导向支承的两个支承点距离尽量远离,止推支承布置在工件刚性较好的区域。若工件的加工部位呈悬臂状态,则应设置辅助支承,如图 6-7 所示的 a 点处,以增强工件的支承刚度,防止振动。

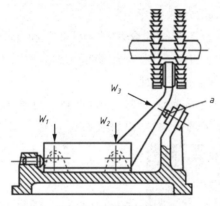

图 6-7 设置辅助支承

6.2.2 夹紧装置设计要点

夹紧装置要求具备足够的夹紧力和良好的自锁性能,以防止夹紧机构因振动而松开。夹紧力的施力方向和作用点要合理,并尽量靠近加工表面,如图 6-7 所示的 W_1 与 W_2,必要的时候可以设置辅助夹紧或浮动夹紧机构,以提高夹紧刚度,如图 6-7 所示的 W_3。若采用手动夹紧方式,最好选用螺旋夹紧机构。此外,在产品批量较大的情况下,为了提高生产效率,尽量采取快速联动夹紧机构与机械传动装置,以节省工件的装卸时间。

6.2.3 特殊元件的设计

定位键与对刀装置是铣床夹具所特有的元件。铣床夹具通过布置定位键和对刀装置,即可确定夹具与机床、刀具与夹具之间的相对位置与联系,为实现正确的切削运动提供前提条件,此过程也称为夹具的对定,如图 6-8 所示。

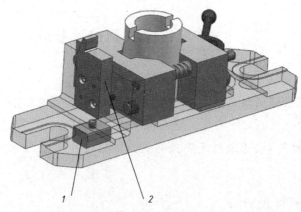

1—定位键；2—对刀装置。

图 6-8　夹具的对定

1. 定位键

夹具通过定位键（或定向键）与铣床工作台 T 形槽配合，然后通过螺栓压板把夹具固定在工作台面上。定位键的安装如图 6-9 所示，夹具的底面与工作台面相接触，定位键的侧面分别与夹具体、T 形槽侧面相接触配合。

通过定位键与铣床工作台 T 形槽配合，使夹具上的定位元件的工作表面对工作台的进给方向具有正确的相对位置。此外，定位键还能承受部分切削力矩，以减小夹具与工作台连接螺栓的负荷，增加铣削加工的平稳性。

定位键的截面有圆形和矩形两种。圆形定位键制造简单，容易磨损，用于切削力矩较小或工件加工精度要求不高的场合，其结构如图 6-10 所示。

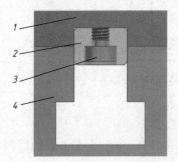

1—夹具体；2—定位键；3—螺钉；4—T 形槽。

图 6-9　定位键的安装　　　　　　　　　　图 6-10　圆形定位键

矩形定位键应用较为广泛，分为 A 型和 B 型两种结构，如图 6-11 所示。A 型定位键的宽度按照统一尺寸（h6 或 h8）制作，适应于定向精度不高的场合。B 型定位键的侧面开有沟槽，沟槽上部与夹具体的键槽配合，沟槽下部与铣床工作台 T 形槽配合。矩形定位键的结构尺寸已经标准化（JB/T 8016—1999），具体规格尺寸见附录 15。定位键的材料常选用 45 钢，淬火至 HRC 40～45。

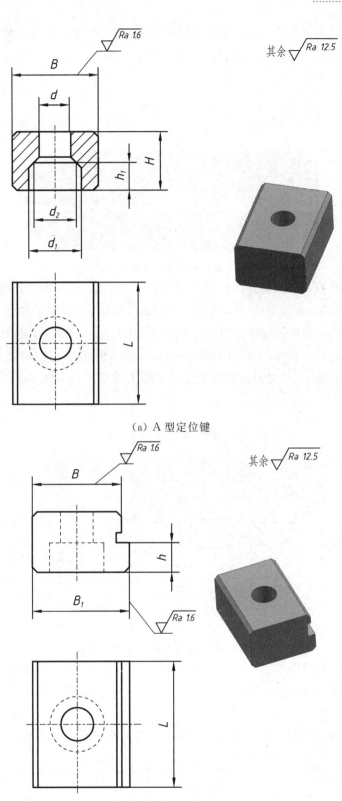

(a) A型定位键

(b) B型定位键

图 6-11 定位键结构

一般在夹具体的纵向中线处两端各设置一个定位键,用开槽圆柱头螺钉紧固。两个定位键的间距尽量要远,以承受较大的切削力矩,减轻夹具固定螺栓的负荷,并获得较高的定向精度,如图 6-12 所示。

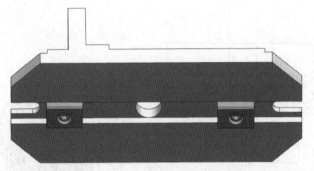

图 6-12　定位键布置

定位键的规格可以参照铣床工作台 T 形槽的尺寸选定,它与夹具体底面、T 形槽的常见配合为 H7/h6,Js6/h6,如图 6-13 所示。例如,X62W 的 T 形槽的宽度、间距分别为 18 mm、70 mm,则夹具体与定位键的配合可用 18H7/h6,T 形槽与定位键的配合可选用 18H7/h6。定位键与夹具体、T 形槽为间隙配合,对定向精度有一定影响。实际应用时,可采用单向接触安装法,即将夹具两侧的定位键靠向 T 形槽的同一侧面,以消除间隙误差。

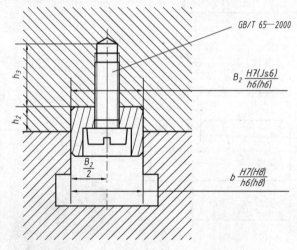

图 6-13　定位键与夹具体、T 形槽配合

定位键通过螺钉(GB/T 65—2000)与夹具体连接,固定在夹具体的底面上。由于一端凸出,给搬运、存放带来不便,且容易被碰伤,故有时候采用定向键来代替它,如图 6-14 所示。

定向键使用的时候放置在夹具体里,不用的时候抽出来,不影响夹具的存放,如图 6-15 所示。

图 6-14 定向键

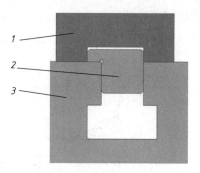

1—夹具;2—定向键;3—T形槽。

图 6-15 定向键的应用

对于重型夹具或者定向精度要求高的铣床夹具,不宜采用定位键,可以不设置定位键,而采用找正的方法来安装夹具。可以在夹具体的侧面加工出一窄长平面作为夹具安装的找正平面,通过该种方法可获得较高的定向精度,如图 6-16 所示的 A 面。

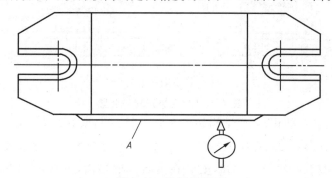

图 6-16 设置找正面

图 6-17 中则在"V"形块上放入精密心棒,通过固定在床身或主轴上的百分表 1 进行找正,夹具也可获得所需要的准确位置。

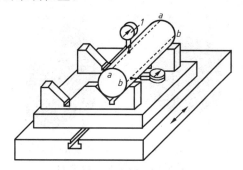

图 6-17 设置心棒找正

2. 对刀装置

为了调整和确定夹具与铣刀之间的相对位置,铣床夹具应具有必要的对刀装置。对刀装置由对刀块和塞尺组成,用于确定刀具和夹具的相对位置。因为夹具在制造时已经保证了对刀块与定位元件定位面的位置尺寸要求,而定位元件与工件接触定位,因此,通过对刀操作,即可确定刀具相对工件加工表面的位置。

对刀装置的结构形式取决于工件加工表面的形状。图 6-18(a)所示为板状对刀装置,主要用于铣削工件的单一平面；图6-18(b)所示为直角对刀装置,主要用于铣削工件的键槽、缺口等结构；图6-18(c)所示为铣削成型表面的特殊对刀装置。

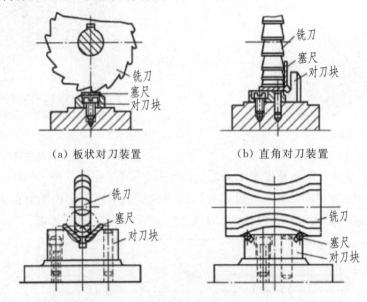

图 6-18　常见铣床对刀装置

对刀块目前已经标准化,主要结构如图6-19所示。高度对刀块包括圆形对刀块(JB/T 8031.1—1999)和方形对刀块(JB/T 8031.2—1999),用于铣削单一平面或调整组合铣刀位置；直角对刀块(JB/T 8031.3—1999)安装在夹具体的顶面,侧装对刀块(JB/T 8031.4—1999)安装在夹具体的侧面,两者均可用于加工相互垂直面或键槽的对刀操作,相关结构具体尺寸见附录14。对刀块的材料常选用20钢,表面渗碳处理,渗碳深度为0.8～1.2 mm,再淬火至HRC 58～64。

图 6-19　标准对刀块结构

对刀块应设置在方便使用塞尺和易于观察的地方,一般布置在刀具开始进给方向的一侧,如图6-20所示。

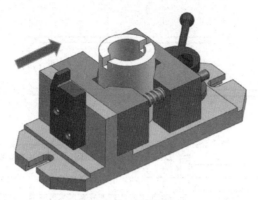

图 6-20 对刀块布置

对刀块通常制成单独的元件,用圆柱销和螺钉紧固在夹具体上(图 6-21),也可以利用夹具体的某些表面作为对刀工作面,但必须经过精加工,保证对刀精度。

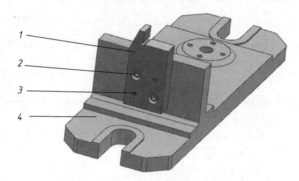

1—对刀块;2—螺钉;3—圆柱销;4—夹具体。

图 6-21 对刀块与夹具体的连接

对刀操作时,刀具不能与对刀块的工作面直接接触,以免损坏刀具切削刃或造成对刀块工作面过早磨损,而应通过塞尺来校准它们之间的相对位置,即将塞尺放在刀具和对刀块之间,通过三者之间的间隙来判断铣刀的位置,如图 6-22 所示。

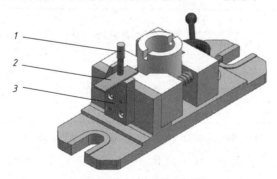

1—刀具;2—塞尺;3—对刀块。

图 6-22 对刀装置应用

塞尺有平塞尺和圆柱塞尺,如图 6-23 所示,塞尺的材料常选用 T8,淬火至 HRC 55～60。

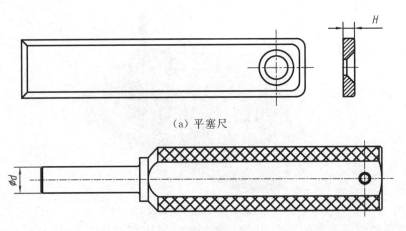

(a) 平塞尺

(b) 圆柱塞尺

图 6-23 塞尺种类

标准平塞尺(JB/T 8032.1—1999)公称尺寸为 1～5 mm,标准圆柱塞尺(JB/T 8032.2—1999)直径有 3 mm、5 mm,两种塞尺的尺寸均按照 8 级精度基轴制造,相应规格见表 6-1 和表 6-2。

表 6-1 标准平塞尺　　　　　　　　　　　　　　单位:mm

H	
基本尺寸	极限偏差 h8
1	0 −0.014
2	
3	
4	0 −0.018
5	

表 6-2 标准圆柱塞尺　　　　　　　　　　　　　单位:mm

d		D(滚花前)	L	d_1	b
基本尺寸	极限偏差 h8				
3	0 −0.014	7	90	5	6
5	0 −0.018	10	100	8	9

采用对刀块和塞尺对刀时,其对刀误差包括塞尺的制造误差、对刀块的位置尺寸误差及人为误差,一般尺寸精度低于 8 级。因此,当对刀调整要求较高时,夹具上不宜设置对刀装置,而采用试切法等方式找到刀具相对定位元件的位置。对刀块的工作表面与定位元件之间应有一定的位置尺寸要求,即应以定位元件的工作表面或其对称中心为基准进行计算,并在夹具总图上标注。图 6-24 给出了采用对刀块与塞尺进行对刀操作时夹具上相应位置尺寸的标注方法。

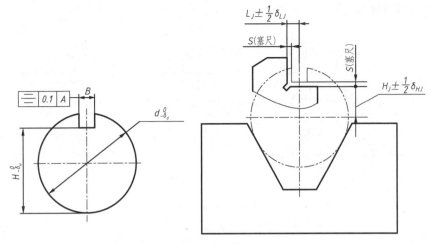

图 6-24 采用对刀装置的尺寸标注方法

6.2.4 夹具体的设计

铣床夹具上的元件布置应尽量紧凑,加工面尽可能靠近工作台面,这样可以降低夹具的重心,进而减小夹具体的结构尺寸。一般来说,夹具体的高度 H 与宽度 B 的比值 $H/B \leqslant 1 \sim 1.25$,如图 6-25 所示。

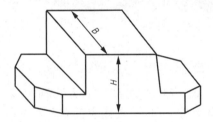

图 6-25 夹具体高宽比的选择

此外,夹具体还要具有良好的抗振性能及较高的强度和高度,必要的时候可以设置加强筋。选用铸造夹具体要考虑结构工艺性和实用性,对于夹具体上的重要表面,如安装各类元件的表面应铸出 3~5 mm 的凸台,以减小加工面积,如图 6-26 所示。

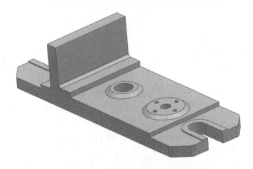

图 6-26 铸造夹具体结构

夹具体应合理设置耳座,以方便与工作台连接。一般在夹具体的纵向中线处两端各设置一个 U 形耳座,大型夹具可在四角处设置四个耳座。耳座结构相关尺寸可以参照夹具设计手册进行设计,如图 6-27 所示。

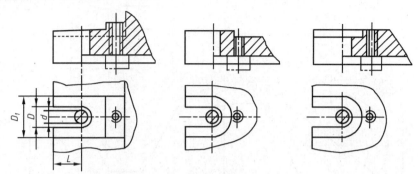

图 6-27 耳座结构

夹具与工作台 T 形槽的连接一般选用 T 形螺栓连接方式,如图 6-28 所示,该种连接方式装卸方便、安全可靠。

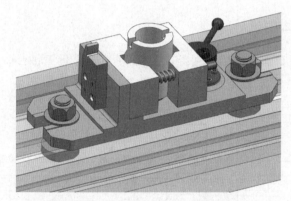

图 6-28 夹具与工作台 T 形槽的连接

由于铣削加工容易产生大量切屑,夹具体应具有足够的排屑和容屑空间,并注意切屑的流向,以方便清理切屑。对于重型夹具,还应在夹具体上设置吊装孔或吊环,以便于搬运。

6.2.5 铣床夹具总图的绘制

1. 铣床夹具总图需要标注的尺寸公差

铣床夹具总图需要标注的尺寸公差主要有:

① 夹具的最大轮廓尺寸。

② 与定位有关的尺寸公差,如定位元件的尺寸公差及定位元件之间的位置尺寸公差等。

③ 夹具与铣床工作台的联系尺寸,如定位键与工作台 T 形槽的配合尺寸。

④ 刀具与定位元件之间的联系尺寸或位置要求等。

⑤ 夹具上其他元件的配合尺寸等。

2. 铣床夹具总图需要标注的技术要求

铣床夹具总图需要标注的技术要求主要有:

① 限位基面对夹具安装面的垂直度、平行度。
② 对刀块对限位基面的位置要求。
③ 对刀块工作面、定位键侧面与限位基面的平行度或垂直度。
④ 限位基面本身的技术要求等。

6.3 铣床夹具项目设计

6.3.1 连杆铣槽铣床夹具设计

连杆零件如图 6-29 所示,毛坯材料为 45 钢,模锻件,工件大、小头内孔,上、下端面均已经加工完成,批量生产,现要求设计铣削端面八槽的铣床夹具。

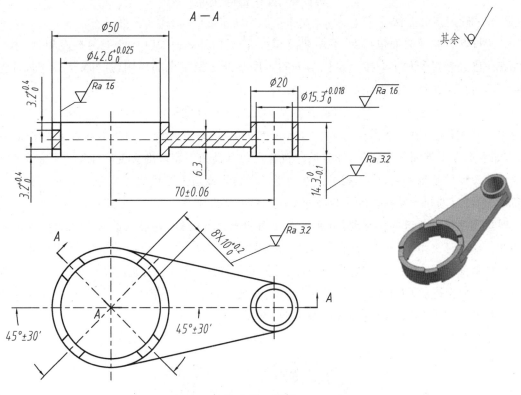

图 6-29 连杆

1. 定位装置设计

(1) 分析加工要求

工序尺寸的加工要求有:连杆上、下两端面各加工四槽,周向均匀分布,需要正反面分别加工。槽宽为 $10^{+0.2}_{0}$ mm,槽深为 $3.2^{+0.4}_{0}$ mm,相对两槽中心线与两孔中心线的夹角为 $45°±30'$,并且通过大孔中心。

建立如图 6-30 所示的工件坐标系，要保证槽深 $3.2_{\ 0}^{+0.4}$，需要限制工件 $\vec{Z}$、$\vec{X}$ 和 $\vec{Y}$ 三个自由度；保证相对两槽中心线与两孔中心线的夹角成 $45°±30'$，需要限制工件 $\overset{\frown}{Z}$ 自由度；要求相对两槽中心线通过大孔 $\phi42.6_{\ 0}^{+0.025}$ mm 的中心，则需要限制工件 $\overset{\frown}{X}$、$\overset{\frown}{Y}$ 两个自由度。综上所述，工件的六个自由度都需要限制，定位形式属于完全定位。

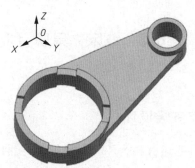

图 6-30　连杆工件坐标系

（2）确定定位方法

连杆零件主要表面包括上、下两端面和大、小孔内外表面，其中上、下两端面和大、小孔内表面已经经过精加工。按照定位基准和工序基准尽量重合的原则，选择定位基准，首先要考虑铣槽工序尺寸的工序基准。

对于槽深工序尺寸 $3.2_{\ 0}^{+0.4}$ mm，工序基准是与之相连的端面。例如，上槽深 $3.2_{\ 0}^{+0.4}$ mm 的工序基准是上端面，下槽深 $3.2_{\ 0}^{+0.4}$ mm 的工序基准是下端面。加工上端面四个槽的时候，如果选择上端面作为定位基准，虽然符合定位基准与工序基准重合的原则，但会增加定位元件设计的复杂程度，也不利于实施夹紧。考虑到该道工序尺寸公差为 0.4 mm，要求不高，此时可以选择下端面作为定位基准，虽然会有基准不重合误差，但经过分析与计算，定位误差还是符合要求的。同理，当加工下端面四个槽的时候，就可以选取上端面作为定位基准。在保证夹角 $45°±30'$ 方面，工序基准是两孔中心连线，所以应该选取两孔内表面作为定位基面，两孔的中心线作为定位基准。另外，相对两槽中心线通过大孔 $\phi42.6_{\ 0}^{+0.025}$ mm 的中心，故应该选取大孔 $\phi42.6_{\ 0}^{+0.025}$ mm 作为主要定位基准，小孔 $\phi15.3_{\ 0}^{+0.018}$ mm 作为次要定位基准。工件定位基面的选取如图 6-31 所示。

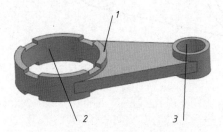

1—端面；2—大孔内表面；3—小孔内表面。

图 6-31　定位基面的选取

综上所述，铣削连杆工件上端面四个槽的时候应该选取下端面作为定位基面，配合两头大、小孔构成"一面两孔"组合定位。同理,铣削下端面四个槽的时候应该选取上端面作为定位基面,配合两头大、小孔也构成"一面两孔"组合定位,即工件需要正反两面分别加工。其中连杆的端面布置三个支承点,限制工件的三个自由度;大孔$\phi 42.6^{+0.025}_{0}$ mm 布置两个支承点,限制工件的两个移动自由度;小孔$\phi 15.3^{+0.018}_{0}$ mm 布置一个支承点,限制工件的一个转动自由度,定位示意图如图 6-32 所示。

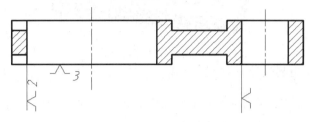

图 6-32 定位示意图

（3）设计定位元件

连杆工件铣槽工序采用"一面两孔"组合定位方法,相应定位元件应该是"一面两销"。与连杆端面支承定位的定位元件采用大平面支承板 1,限制工件的 $\vec{Z}$、$\vec{X}$、$\vec{Y}$ 三个自由度,其结构需要进行设计;连杆大孔$\phi 42.6^{+0.025}_{0}$ mm 设置圆柱销 2,限制工件的 $\vec{X}$、$\vec{Y}$ 两个自由度;小孔$\phi 15.3^{+0.018}_{0}$ mm 设置菱形销 3,限制工件的 $\vec{Z}$ 自由度。两销结构可以参照标准定位销的尺寸进行修改,定位方案如图 6-33 所示。

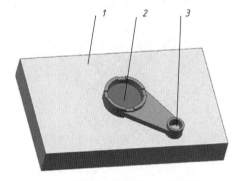

1—支承板;2—圆柱销;3—菱形销。

图 6-33 定位方案

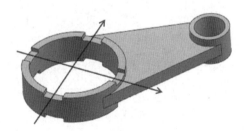

图 6-34 铣削示意图

由于连杆端面一侧四个槽的铣削加工需要分两次进行,如图 6-34 所示,即铣削完两个槽后才能变换工位,再铣削加工另外两个槽,故还需要考虑变换工位的设计。

变换工位可以考虑采用分度装置或进行结构改进。采用分度装置方案会增加夹具设计的复杂程度,在此道工序中,通过设置两个菱形销来实现四槽加工的工位变换。变换工位如图 6-35 所示,两个菱形销分别布置在夹具体的左右两侧,一次装夹后,先铣削两个槽,接着松开夹紧装置,将连杆小孔套在另一个菱形销,再加工另外两个槽,即可完成端面一侧四个槽的加工。

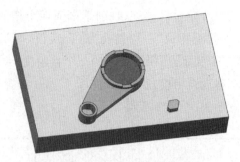

图 6-35 变换工位方案

圆柱销、菱形销的具体设计按照"一面两销"的设计步骤进行。因为两孔中心距为 (70 ± 0.06) mm，两销中心距基本尺寸与两孔中心距基本尺寸相同，公差取其 $\frac{1}{3}$，则两销中心距尺寸为 (70 ± 0.02) mm。大孔与圆柱销采用 H7/g6 间隙配合，圆柱销工作面直径为 $\phi 42.6_{-0.025}^{-0.009}$ mm；小孔与菱形销采用 H7/f6 间隙配合，菱形销工作面直径为 $\phi 15.3_{-0.041}^{-0.030}$ mm。圆柱销、菱形销的另一头与支承板内孔过渡配合或过盈配合，这里采用 H7/n6 配合。"一面两销"安装如图 6-36 所示。

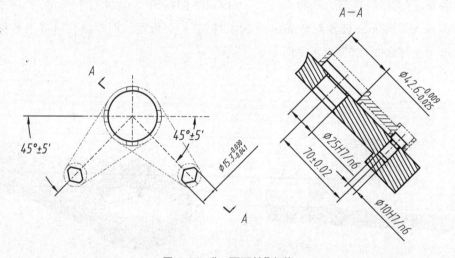

图 6-36 "一面两销"安装

因为选用夹具体的顶面作为支承板，其结构还需要根据后续设计进行改进，故此处只能确定其主要结构，如图 6-37 所示。

图 6-37 支承板（结构没有定型）

参照标准圆柱销及菱形销的结构,分别设计圆柱销及菱形销的结构尺寸,如图 6-38、图 6-39 所示。

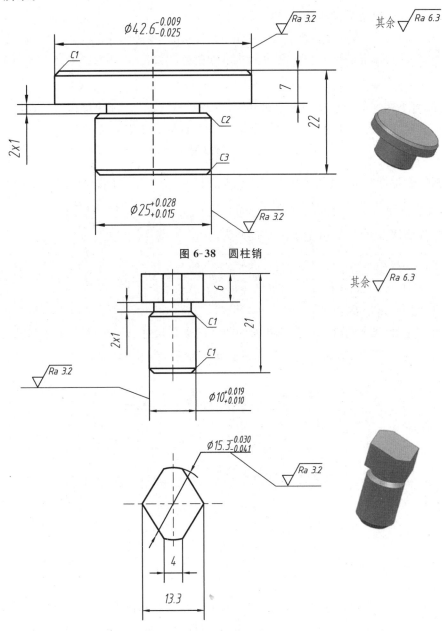

图 6-38 圆柱销

图 6-39 菱形销

(4) 计算定位误差

采用铣床专用夹具装夹工件进行铣削加工时,影响工件加工精度的因素主要有定位误差 Δ_D、对刀误差 Δ_T、夹具在机床上的安装误差 Δ_A 和加工方法误差 Δ_G 等。

① 槽宽尺寸 $10^{+0.2}_{0}$ mm 由定尺寸刀具保证精度,和夹具精度无关,在此不需要计算定位误差。

② 对于槽深工序尺寸（$3.2^{+0.4}_{0}$ mm），工序基准为与之相连的端面，定位基准是另一侧端面，所以存在基准不重合误差 Δ_B。工件采用支承板定位，属于平面定位方法，不存在基准位置误差 Δ_Y。故造成槽深的定位误差为

$$\Delta_D = \Delta_B + \Delta_Y = (0.1 + 0) \text{mm} = 0.1 \text{ mm}$$

槽深 $3.2^{+0.4}_{0}$ mm 的对刀误差等于塞尺厚度误差。塞尺为 3h8，即

$$\Delta_T = 0.014 \text{ mm}$$

工件上、下端面的平行度误差会引起工件的倾斜，使被加工槽的底面和端面不平行，而影响槽深的尺寸精度。这里按照工件的技术要求，选取安装误差为

$$\Delta_A = 0.015 \text{ mm}$$

根据一般生产经验，可认为加工方法误差在被加工工件尺寸公差的 $\frac{1}{3}$ 范围以内，即

$$\Delta_G = 0.15 \text{ mm}$$

则铣削工件槽深 $3.2^{+0.4}_{0}$ mm 的加工总误差为

$$\sum \Delta = \sqrt{(\Delta_D)^2 + (\Delta_T)^2 + (\Delta_A)^2 + (\Delta_G)^2} = \sqrt{0.1^2 + 0.014^2 + 0.015^2 + 0.15^2} \text{ mm}$$

$$\approx 0.18 \text{ mm} < 0.4 \text{ mm}$$

故槽深尺寸公差满足要求。

③ 对于相对两槽的中心线与两孔的中心线的夹角尺寸（45°±30′），工序基准是两孔中心线，定位基面选用两孔，而两销与两孔按照间隙配合，会存在转角误差，应该按照"一面两孔"转角误差计算：

$$\tan \Delta \alpha = \pm \frac{\delta_{D1} + \delta_{d1} + X_{1\min} + \delta_{D2} + \delta_{d2} + X_{2\min}}{2L}$$

$$= \pm \frac{0.025 + 0.016 + 0.009 + 0.018 + 0.011 + 0.030}{2 \times 70}$$

$$\approx \pm 0.001$$

所以转角误差为

$$\Delta \alpha = \pm 5' < \pm \frac{30'}{3} = \pm 10'$$

通过上述分析可知，该定位方案能够保证定位精度，故定位方案合理可行。

2. 夹紧装置设计

工件的结构主要包括连杆大头、杆身和连杆小头，加工表面位于连杆大头部位。若夹紧力作用在连杆小头部位，则远离加工表面，有可能出现加工过程中工件松脱的恶劣情况。若夹紧力作用在工件杆身部位，杆身较容易变形（因为杆身为空悬结构）。考虑到这两种因素，夹紧力的作用点最好选在连杆大头部位。

因为连杆的端面为主要定位基面，故夹紧力的作用方向应该垂直于端面。当夹紧部位选在连杆大头端面上时，为了避开加工表面，需要采用两副压板，分别压在端面的两侧，如图 6-40 所示。

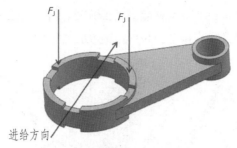

图 6-40　夹紧力的作用方向

综合考虑工件的结构尺寸和生产批量等因素,确定选用手动夹紧方式。因为螺旋压板(图 6-41)夹紧机构布置灵活,夹紧效果好,最后设计的夹紧装置为两副螺旋压板夹紧机构,分别布置在刀具进给的两侧,避免加工过程出现干涉现象。

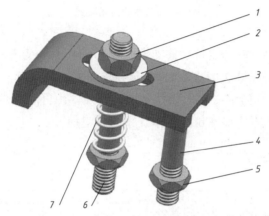

1—夹紧螺母;2—垫圈;3—压板;4—调节螺柱;5—螺母;6—螺柱;7—弹簧。

图 6-41　螺旋压板

螺旋压板夹紧机构为可移动式,方便调整夹紧面的位置。调节螺柱 4 用于调整压板 3 的夹紧位置,当压板高度被调整合适后,用螺母 5(M8)锁死,以保护螺柱不在外力下变动位置。压板 3 最终被夹紧螺母(M8)锁紧。

压板零件如图 6-42 所示。

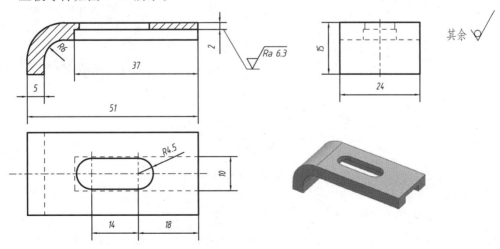

图 6-42　压板

两副螺旋压板分别布置在夹具的两侧,如图 6-43 所示,压板压住连杆的端面。当完成一次铣槽后,需要松开锁紧螺母,调整工位,重新夹紧,再加工另外两个槽。

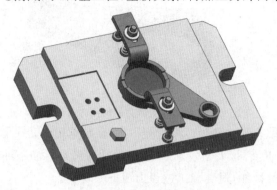

图 6-43 工件的夹紧装置

3. 夹具体设计

本例中夹具体选用铸件,与定位元件支承板同为一体,材料为 HT200,如图 6-44 所示,它将工件、定位元件和夹紧装置等连接起来,起到基础支撑的作用。夹具体的两侧留有耳座,用于穿过螺栓,将夹具固定在机床工作台上。另外,夹具体的底部中间开有一个纵向槽,用于与定位键配合一起安装在铣床工作台 T 形槽里面。

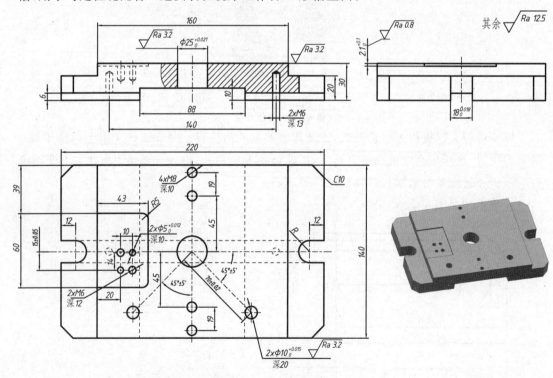

图 6-44 夹具体

4. 特殊元件设计

(1) 对刀装置设计

由于是铣槽加工,可以采用直角对刀块,配合平塞尺 3h8 进行对刀操作。直角对刀块如图 6-45 所示。

对刀块通过圆柱销与夹具体定位,采用螺钉紧固,如图 6-46 所示。

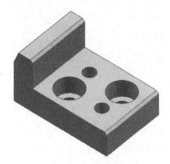

图 6-45　直角对刀块

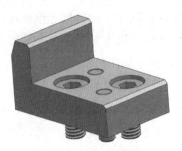

图 6-46　对刀块安装

(2) 定位键选取及布置

参照铣床工作台 T 形槽的结构尺寸,选取定位键规格为 A18,分别布置在夹具体的两端,用开槽圆柱头螺钉 M6×16 固定,如图 6-47 所示。

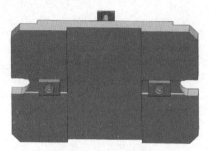

图 6-47　定位键布置

5. 夹具总图绘制

连杆铣削正反面八槽铣床夹具如图 6-48 所示。将连杆的大、小孔分别套入圆柱销和菱形销,通过螺栓压板夹紧。从夹具左侧进给,铣削完两个槽后,松开螺栓压板,将工件小孔套入另一个菱形销,重新夹紧,继续铣削该端面的另外两个槽。单面铣削完成后,再把工件反面定位、夹紧,直至完成整个工序铣削过程。

连杆铣八槽

图 6-48　连杆铣削正反面八槽铣床夹具

夹具总图(图 6-49)上标注的尺寸主要有:

① 夹具的外形轮廓尺寸 220 mm、140 mm、70 mm。

② 圆柱销的定位尺寸$\phi 42.6_{-0.025}^{-0.009}$ mm,菱形销的定位尺寸$\phi 15.3_{-0.041}^{-0.030}$ mm,圆柱销与菱形销的中心距离(70 ± 0.02)mm,变工位加工保证铣槽精度的尺寸$45°\pm 5'$。

③ 对刀块的工作面与被加工面的距离尺寸(8 ± 0.02)mm、(7.85 ± 0.02)mm。

④ 通过定位键将夹具与工作台连接的配合尺寸 18H7/h6。

⑤ 通过圆柱销将对刀块与夹具体连接的配合尺寸ϕ5H7/n6。

夹具总图上标注的技术要求主要有:

① 圆柱销的轴线与菱形销的轴线之间的平行度公差要求。

② 圆柱销的轴线、菱形销的轴线与夹具的安装面之间的垂直度公差要求。

③ 对刀块的工作面与圆柱销、菱形销的轴线之间的平行度、垂直度公差要求。

④ 对刀块的工作面与夹具的安装面之间的平行度、垂直度公差要求。

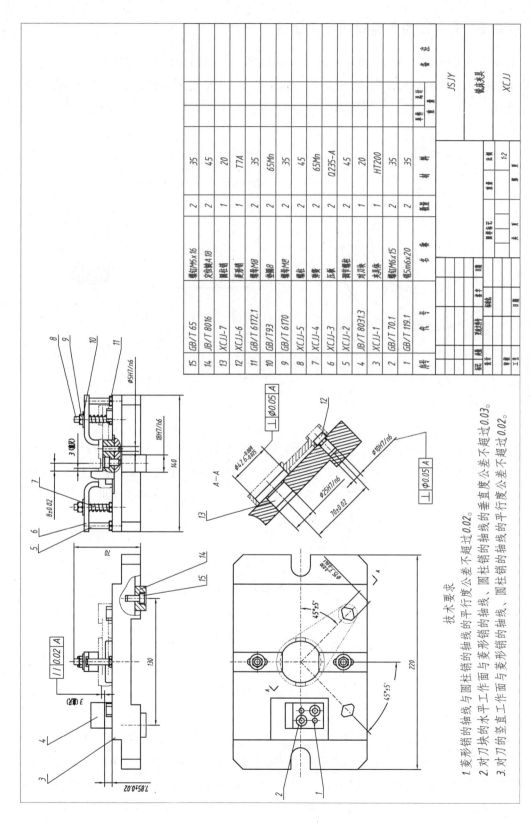

图6-49 夹具总图

6.3.2 圆环铣槽多件铣床夹具设计

圆环零件如图 6-50 所示,要求在 ϕ105 mm 圆环上铣削四个均匀分布的槽,并且一次铣削十个工件。工件毛坯为棒料,材料为 45 钢,中批量生产,现要求设计铣削四分槽的多件铣床夹具。

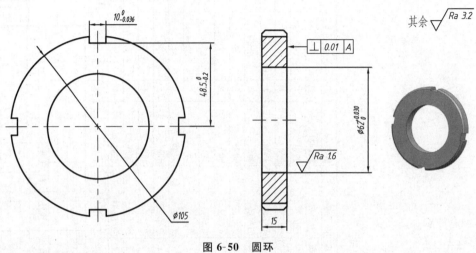

图 6-50 圆环

1. 定位装置设计

(1) 分析加工要求

根据零件图,已知槽宽为 $10_{-0.036}^{0}$ mm,槽深为 $48.5_{-0.2}^{0}$ mm,四个槽在 ϕ105 mm 圆环上均匀分布。圆环两端面和 $\phi 62_{0}^{+0.030}$ mm 的内孔已经加工完成。

建立工件坐标系,如图 6-51 所示,要保证一个槽的宽度、深度要求,理论上需要限制 $\vec{X}$、$\vec{Y}$、$\widehat{X}$、$\widehat{Y}$ 四个自由度,而其余三个等份槽则通过分度装置来保证精度要求。

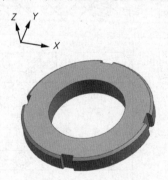

图 6-51 工件坐标系

(2) 确定定位方案

工件的 ϕ105 mm 圆环两端面和 $\phi 62_{0}^{+0.030}$ mm 的内孔已经加工完成,可以选为定位基面。以 ϕ105 mm 的圆环端面作为定位基面,限制工件的 $\vec{Z}$、$\widehat{X}$、$\widehat{Y}$ 三个自由度;以 $\phi 62_{0}^{+0.030}$ mm 的内孔作为定位基面,限制工件的 $\vec{X}$、$\vec{Y}$、$\widehat{X}$、$\widehat{Y}$ 四个自由度,其中 $\widehat{X}$、$\widehat{Y}$ 两个自由度被重复限制。但由于 $\phi 62_{0}^{+0.030}$ mm 的内孔和端面均为精加工面,孔的轴线与端面的垂直度要求有

保证,故不会产生安装干涉现象,属于可以利用的重复定位。单个工件的定位示意图如图 6-52 所示。

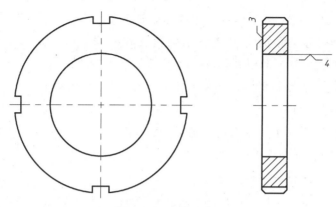

图 6-52　定位示意图

采用带大端面的销轴支承定位工件,定位方案如图 6-53 所示,单个工件以内孔和端面在销轴上定位。

采取同样的措施,将其余九个工件依次套在销轴上,则获得十个工件的定位方案,如图 6-54 所示。

图 6-53　单个工件的定位方案

图 6-54　十个工件的定位方案

(3) 设计定位元件

定位元件销轴的结构如图 6-55 所示,其外圆与工件 $\phi 62^{+0.030}_{0}$ mm 的内孔支承定位,尺寸公差为 $\phi 62^{-0.010}_{-0.029}$ mm,左端台阶面上铣出四个等分的槽,以便让开刀具进给方向又制出四个均匀分布的 $\phi 10$ mm 的小孔,用于和对定销配合进行分度操作。

图 6-55　销轴

图 6-56　工件夹紧方案

2. 夹紧装置设计

采取手动夹紧方式,如图 6-56 所示,通过一根螺杆将销轴和工件串接起来,螺杆的右端选用开口垫圈 30 和螺母 M30 来夹紧工件。

螺杆的左端制出扁方结构,以便与销轴内孔配合,用于工件的转位,为下一个槽的加工提供条件,螺杆的结构如图 6-57 所示。

采取旋转手轮、移动顶尖的方式将销轴紧固在夹具体上,如图 6-58 所示,即通过手柄 5 顺时针旋转手轮 4,螺纹轴 7 带动顶尖 9 左移,将螺杆、销轴和工件紧紧压靠在夹具体上。卸下工件时,逆时针旋转手轮,即可松开销轴。

为了防止工件切削加工时受力产生振动,致使销轴与夹具体松开,故在顶尖上制有止动槽结构,如图 6-59 所示。将旋钮 1 旋入止动槽,可避免顶尖缩回,保证销轴紧固效果。

图 6-57 螺杆

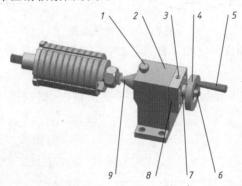

1—旋钮;2—尾架;3—定位销;4—手轮;5—手柄;6—螺母;7—螺纹轴;8—端盖;9—顶尖。

图 6-58 销轴紧固方案

图 6-59 顶尖

手轮、手柄、端盖、尾架等元件分别如图 6-60～图 6-65 所示。

图 6-60 手轮

图 6-61 手柄

图 6-62 端盖

图 6-63 尾架

图 6-64 螺纹轴

图 6-65 旋钮

3. 分度装置设计

为了加工等分的四槽，需要采取分度装置。本夹具选用手拉式圆柱销对定机构，如图 6-66 所示。

将对定销插入销轴相应定位孔，再通过螺母锁紧对定装置，如图 6-67 所示。铣削完一个槽后，拉出对定销，松开销轴左端的锁紧螺母，将销轴连同工件一起旋转 90°，再插入对定销，用螺母锁紧销轴，即可加工下一个槽。

图 6-66 对定销组件

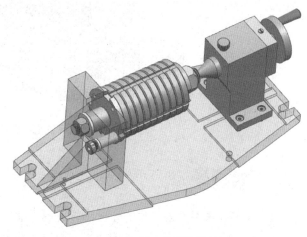

图 6-67 分度装置

4. 夹具体设计

为了提高夹具的抗振性能，采取角铁式的铸造夹具体，如图6-68所示。为了提高夹具体的支承刚度，在夹具体的立板与底板之间增加了加强筋。夹具体的立板顶端制出对刀台阶面（代替对刀块），用于对刀操作。在夹具体的底部两侧铸出四个耳座结构，用于穿过螺栓固定夹具体。为了减少加工表面，夹具体的底部中空。右端留有四个螺孔，以便通过螺钉与尾架连接。另外，夹具体的底部中间开有一个纵向槽，用于与定位键配合一起安装在铣床工作台T形槽里面。

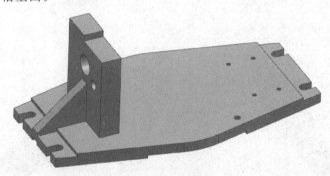

图6-68 夹具体

5. 夹具使用及特点

整套夹具如图6-69所示，每次装夹十个圆环，用开口垫圈和螺母夹紧。旋转手轮，顶尖左移，将销轴与工件一起紧固在夹具体上。圆环等份槽的加工由分度装置实现，采用手拉式圆柱销对定机构，操作简便。为了便于搬运，夹具体上还装有两个用于起吊的耳环。

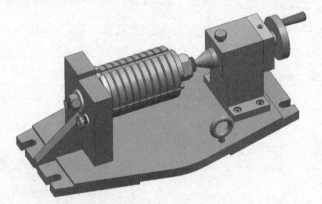

图6-69 圆环铣削等分的四槽夹具

圆环铣四槽

练 习

1. 专用铣床夹具主要有哪些种类？说明各自的加工特点。
2. 铣床夹具的特殊元件有哪些？说明各自的作用。
3. 设计铣床夹具的夹紧装置时需要注意哪些要求？
4. 当工件的加工精度高于8级时，能否采用对刀装置对刀？请说明原因。

5. 杠杆铣斜面工序如图 6-70(a)所示,铣斜面夹具如图 6-70(b)所示,试说明夹具使用原理。

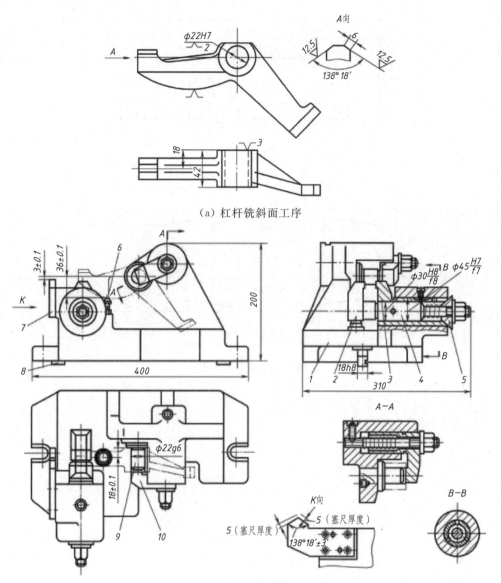

(a) 杠杆铣斜面工序

(b) 铣斜面夹具

1—夹具体;2,3—卡爪;4—连接杆;5—锥套;6—可调支承;7—对刀块;8—定位键;
9—定位销;10—钩形压板。

图 6-70 铣斜面工序和夹具

6. 如图 6-71 所示,连杆零件材料为 45 钢,毛坯为锻件,中批量生产,试对 $45^{+0.1}_{0}$ mm 槽进行专用铣床夹具设计。

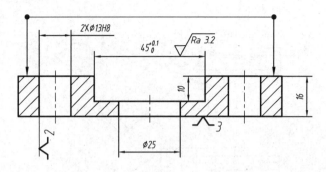

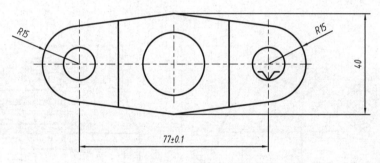

图 6-71 连杆工序图

7 钻床夹具的设计

 问题导入

如图7-1所示,要求在立式钻床上钻削加工φ10 mm的孔,工件毛坯为HT150,其他表面均已经加工完成,中小批量生产,请问:应该采用什么样的夹具?

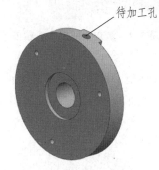

图 7-1 盖板

7.1 钻床夹具介绍

钻床夹具是指用于在钻床上钻、扩、铰及攻螺纹的夹具,习惯称为钻模。钻模一般用于加工中等精度、尺寸较小的孔或孔系。采用钻模可提高孔与孔系之间的位置精度,也有利于提高孔的形状和尺寸精度,同时还可节省划线、找正的辅助时间。钻模结构简单,易于制造,故在批量生产中应用广泛。

钻床夹具种类繁多,结构也不尽相同,但主要部分都包括钻套、钻模板、定位元件、夹紧装置及夹具体等。钻模按照结构和使用特点一般可分为固定式、翻转式、盖板式、滑柱式、移动式、回转式等类型。

1. 固定式钻模

固定式钻模在使用过程中,钻模和工件在钻床上的相对位置固定不变,可用于立式钻床、摇臂钻床和多轴钻床。在使用立式钻床时,一般只能加工较大的单孔;在使用摇臂钻或多轴钻床时,可加工平行孔系。该类钻模的钻孔精度较高,但在使用过程中有可能会发生工件装卸不方便的情况,故其使用场合有一定的限制。

在立式钻床上安装这类钻模时,一般先将装在主轴上的定尺寸刀具(如钻头、铰刀等)伸入钻套,以确定钻模在机床上的位置,然后使用螺栓压板将钻模夹紧在钻床工作台上。

如图 7-2 所示,工件以内孔与左端面在销轴上定位,右端用快速螺旋夹紧装置紧固。钻模放置在立式钻床工作台上,通过钻套来找到待加工孔的加工位置,然后采用螺栓压板将钻模固定在工作台上,即可进行钻削加工。

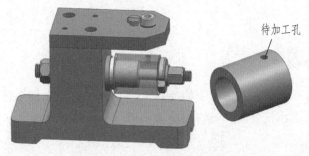

图 7-2 钢套钻削径向孔钻模

2. 翻转式钻模

翻转式钻模主要用于加工中、小型工件分布在不同表面上的孔。对需要在多个表面上钻孔的工件,可以减少安装次数。工件在加工过程中,需要与钻模一起翻转,才能加工下一个表面。因为需要多次翻转工件,且每次翻转后还需要重新找正钻套相对钻头的位置,辅助时间较长,故加工工件的质量不能太重,一般不超过 10 kg,且加工批量不能过大。

如图 7-3 所示,透气塞零件待加工四个孔径向均匀分布。工件以内孔和端面组合定位,用开口垫圈、带肩螺母夹紧。夹具体为长方体形状,在四个面上设

图 7-3 透气塞钻孔钻模

透气塞钻四孔

置四个钻套。整个加工过程需要翻转夹具三次,即可完成四个径向孔的加工。

3. 盖板式钻模

盖板式钻模类似于钳工的画线样板,它一般没有夹具体,定位元件、夹紧元件及钻套等均设置在钻模板上,而钻模板直接覆盖在工件上。该类钻模结构简单,易于清除切屑,主要用于床身、箱体等大型工件上的小孔加工,如图 7-4 所示。因为待加工小孔的钻削力矩小,有时候可以不设置夹紧装置。

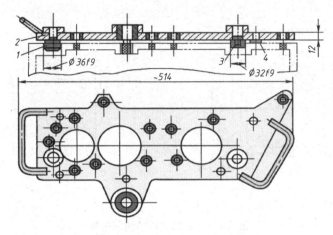

1—圆柱销；2—钻模板；3—菱形销；4—支承钉。

图 7-4　用于加工大型工件的盖板式钻模

盖板式钻模有时候也可以用于盘盖类零件的小孔孔系加工。如图 7-5 所示，壳体零件顶面需要钻削三个均匀分布的孔。工件以上底面和内表面作为定位基面，在底座上支承定位。钻模板直接覆盖在工件上，钻削完成后，随工件一起取下，再和下一个工件一同装夹。整套钻模结构简单，制造成本经济，比较适合加工精度要求不高的小批量工件生产。

待加工孔

壳体钻三孔

图 7-5　壳体钻孔钻模

4. 滑柱式钻模

滑柱式钻模是一种带有升降钻模板的通用可调夹具，按照夹紧的动力不同分为手动和气动两种，其通用结构如图 7-6 所示。主体结构主要包括钻模板、滑柱、夹具体、传动和锁紧机构等，这些部件已经标准化、系列化，使用时只需要根据工件的形状、尺寸和定位夹紧要求，直接选用相关结构即可。

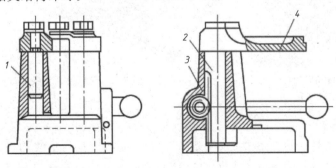

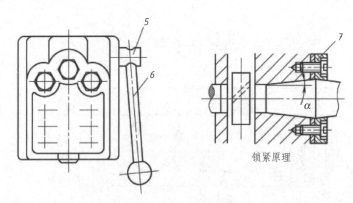

1—滑柱；2—齿条滑柱；3—夹具体；4—钻模板；5—齿条轴；6—手柄；7—套环。

图 7-6 滑柱式钻模的通用结构

该类钻模夹紧迅速，非常适用于大批量生产。图 7-7 所示为钻削轴套工件孔的手动滑柱式钻模。由于滑柱与导孔之间为间隙配合，因此，被加工孔的垂直度和位置度难以达到较高的要求。如果工件上待加工孔的轴线对其基面的垂直度要求不高，可优先采用标准的滑柱钻模。

5. 移动式钻模

移动式钻模用于钻削中、小型工件同一表面上的多个小孔。在加工过程中，通过移动钻模，使钻头分别插入各个钻套中，从而加工工件的各个孔。该类钻模适宜用在立式钻床上加工直径小于 10 mm 的小孔或孔系。由于钻削力矩小，加工过程中人可以扶住钻模，因此，钻模不需要固定在钻床工作台上。

如图 7-8 所示，套环工件以内孔和端面定位。钻模两侧分别装夹一个套环，采用一个螺杆串接起来，用螺母夹紧。钻模板上设置两个同等规格的钻套，加工完一个孔后，平移钻模至下一个孔的加工位置，继续加工。移动式钻模结构简单，操作方便。

图 7-7 钻削轴套工件孔的手动滑柱式钻模

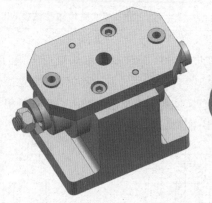

图 7-8 套环钻孔钻模

移动式钻模

6. 回转式钻模

回转式钻模又称为分度式钻模，主要用于工件被加工孔的轴线均匀分布于圆周的孔系。该夹具大多采用标准回转台与专门设计的工作夹具联合使用的形式。回转式钻模可实现一次装夹、多工位加工,既保证了回转精度,又提高了生产效率。

图 7-9 所示为钢套钻削圆周面上均匀分布六孔的回转式钻模。定位销轴 4 及分度盘 5 构成回转分度机构,将工件 1、开口垫圈 2 和夹紧螺母 3 连成一体;对定销组件 6 为对定分度机构,其插入分度盘的定位套孔,确保待加工孔的加工位置;锁紧螺母 8 和垫圈 7 属于转位锁紧机构,用于整套分度装置的紧固。当钻削完一个孔后,不需要卸下工件,此时松开锁紧螺母 8,拔出对定销组件 6,将定位销轴 4 连同工件 1 一起旋转 60°,再插入对定销组件 6,用锁紧螺母 8 锁紧,即可加工下一个孔。按同样的操作步骤,依次加工完所有的孔,再松开夹紧螺母 3,卸下工件。

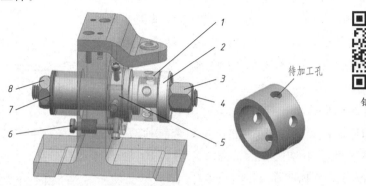

1—工件;2—开口垫圈;3—夹紧螺母;4—定位销轴;5—分度盘;
6—对定销组件;7—垫圈;8—锁紧螺母。

图 7-9 钢套钻削六孔分度钻模(已做简化)

综上所述,当被加工孔的孔径较大,工件和夹具的质量较重时,适宜采用固定式钻模;当被加工孔的孔径较小,工件和夹具的质量较轻时,适宜采用移动式钻模;当被加工孔分布在不同表面,各个孔之间的位置精度较高时,可采用翻转式钻模;当加工同一圆周上的平行孔系或分布在同一圆周上的径向孔系时,适宜采用回转式钻模;当加工大中型工件上同一表面或平行表面上的多个小孔时,可采用盖板式钻模;当被加工孔的垂直度和位置度要求不高时,可采用滑柱式钻模。

对于如图 7-1 所示的盖板,可采用固定式钻模(图 7-10),完成 $\phi10$ mm 的孔的钻削加工。

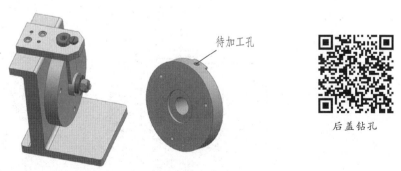

图 7-10 用于盖板 $\phi10$ mm 的孔加工的钻模

7.2 钻床夹具设计要求

7.2.1 钻套

钻套和钻模板是钻模特有的元件(图 7-11),钻套用于引导刀具,防止其在钻削加工过程中发生偏斜,还可提高工艺系统的刚性,避免加工过程中振动的影响,故采用钻套能够较好地保证被加工孔的形状和位置精度。钻模板用来安装钻套,并确保钻套在钻模板上的正确位置。

1. 钻套的种类

钻套分为标准钻套和特种钻套两大类型。标准钻套具体又可分为固定钻套、可换钻套和快换钻套三种,它们适用的场合也不尽相同,其结构参数见附录9、附录10、附录11。

(1) 固定钻套(JB/T 8045.1—1999)

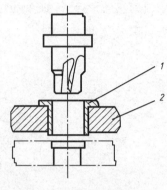

1—钻套;2—钻模板。

图 7-11　钻套引导刀具加工

固定钻套的外径直接压入钻模板或夹具体的孔里(H7/r6 或 H7/n6 配合),结构简单,钻孔精度高,但磨损后不易拆卸,适用于单一钻孔工序和小批量生产。固定钻套根据结构是否带肩又可分为 A 型和 B 型两种,如图 7-12 所示。A 型固定钻套使用较多,B 型固定钻套主要用于较薄的钻模板。固定钻套的下端应稍微超出钻模板,以防止带状切屑卷入钻套里面。

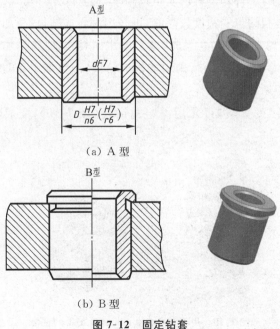

(a) A 型

(b) B 型

图 7-12　固定钻套

（2）可换钻套(JB/T 8045.2—1999)

当对工件进行单一钻孔工步大批量生产时，为了便于更换磨损后的钻套，可选用可换钻套，如图 7-13 所示。

可换钻套在钻模板之间加入了衬套(JB/T 8045.4—1999)，避免了固定钻套不便更换的缺点。钻套与衬套之间采用 F7/m6 或 F7/k6 间隙配合，衬套与钻模板之间采用 H7/n6 配合。为了防止加工过程中钻套转动、退刀时随刀具一起脱出，钻套凸缘处加一固定螺钉(JB/T 8045.5)紧固，如图 7-14 所示。当钻套磨损后，可卸下螺钉，更换新的钻套。

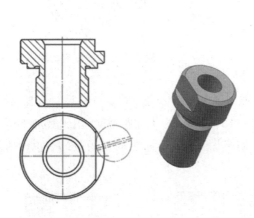

1—可换钻套；2—衬套；3—钻模板；4—螺钉。

图 7-13　可换钻套　　　　　　图 7-14　可换钻套的安装

与可换钻套配对使用的螺钉、衬套模型如图 7-15 所示，具体规格见 JB/T 8045.4—1999。

螺钉　　　A型衬套　　　B型衬套

图 7-15　钻套用螺钉、衬套

（3）快换钻套(JB/T8045.3—1999)

当工件需要钻孔、扩孔、铰孔等多工步加工时，为了能够快速更换不同孔径的钻套，应采用快换钻套，如图 7-16 所示。

更换钻套时，不需要拧松螺钉，只需要将钻套缺口逆时针转至螺钉处，即可取出钻套，如图 7-17 所示。

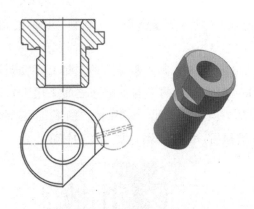

图 7-16 快换钻套

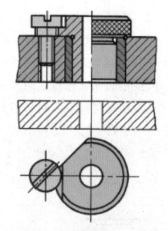

图 7-17 快换钻套的应用

(4) 特种钻套

特种钻套用于有特殊加工需求的场合,不能够选用标准钻套,需要自行设计。图 7-18 所示为几种用在特殊加工需求场合的例子:图 7-18(a)所示为小孔距钻套,用于被加工两孔间距很近的场合;图 7-18(b)所示为加长钻套,用于加工凹面上的孔时使用;图 7-18(c)所示为斜面钻套,用于加工弧面和斜面上孔的场合。

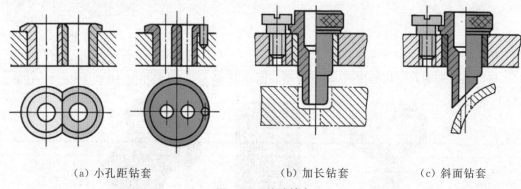

(a) 小孔距钻套　　　　　　(b) 加长钻套　　　　　　(c) 斜面钻套

图 7-18 特种钻套

在钻削加工过程中,钻套与刀具因产生摩擦而易于磨损,故其材料要求具有较高的耐磨性。当钻套孔径 $D \leqslant 26$ mm 时,可选用 T10A 钢制造,淬火后 HRC 达 60~64;当钻套孔径 $D > 26$ mm 时,可选用 20 钢制造,表面渗碳 0.8~1 mm,淬火后 HRC 达 60~64。

2. 钻套设计要求

(1) 钻套高度与排屑间隙

钻套高度(H)对刀具的导向性能和刀具的使用寿命影响较大。如图 7-19 所示,当钻套高度 H 较大时,导向性能好,刀具刚性得到提高,工件加工精度也高,但刀具与钻套的磨损较严重;当钻套高度 H 较小时,导向性能不良,刀具磨损不严重。加工一般孔时,钻套高度 H 与钻套孔径 D 之比,即 $\dfrac{H}{D}$ 为 1.5~2;加工 IT6、IT7 级孔且孔径 $D \geqslant 12$ mm 时,$\dfrac{H}{D}$ 为 2.5~3.5;加工 IT7、IT8 级孔时,$\dfrac{H}{D}$ 为 2~2.5。

排屑间隙（h）是指钻套底部与被加工孔端面之间的距离。增大排屑间隙 h 值，方便排屑，但刀具的刚性和孔的加工精度降低。加工铸铁或青铜件时，h 为 $0.3D \sim 0.6D$；加工较难排屑的钢件时，h 为 $0.7D \sim 1.5D$；加工深孔时，$h \approx 1.5D$；被加工孔精度要求高时，可以允许 $h=0$，使切屑全部从钻套中排出；加工斜孔时，排屑间隙 h 应尽可能小。

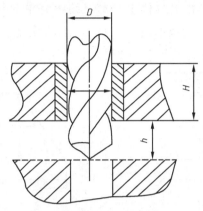

图 7-19　钻套高度与排屑间隙

（2）钻套的内径尺寸与公差

钻套的内径尺寸与公差主要取决于刀具的种类和被加工孔的尺寸精度。钻套内径的公称尺寸 D 应等于所引导刀具的最大极限尺寸。钻套内孔与刀具的配合应按照基轴制选定，这是因为所引导的刀具都是标准的定尺寸刀具（例如，钻头、扩孔钻、铰刀等）。钻套内孔与所引导的刀具应留有一定的配合间隙，以防止刀具卡住或"咬死"。

一般钻孔或扩孔时，钻套内径公差选用 F7 或 F8，粗铰时选用 G7，精铰时选用 G6。若被加工孔为基准孔（H7 或 H9），则不必按照刀具的最大极限尺寸来计算，可取被加工孔的基本尺寸作为钻套内径的公称尺寸，钻孔时公差选用 F7 或 F8，铰 H7 孔时公差选用 F7，铰 H9 孔时公差选用 E7。

7.2.2　钻模板

钻模板用来安装钻套，并确保钻套在钻模板上的位置正确。如图 7-20 所示，钻套安装在钻模板的座孔里面。若工件被加工孔的位置尺寸为 $L \pm \delta_L$，则钻套的安装位置尺寸可取 $L \pm \frac{1}{3}\delta_L$。

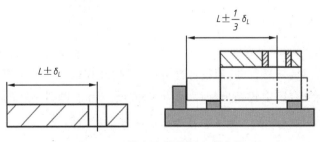

图 7-20　钻套在钻模板上的安装

1. 钻模板的种类

按照钻模板与夹具体的连接方式不同,可分为固定式、铰链式、可卸式和悬挂式等几种类型。

(1) 固定式钻模板

固定式钻模板直接固定在夹具体上。对于结构简单的钻模,钻模板可直接采用如图 7-21(a)所示的整体铸造结构或如图 7-21(b)所示的焊接结构。这种钻模板结构,钻套的位置精度较高,设计时要注意利于装卸工件。

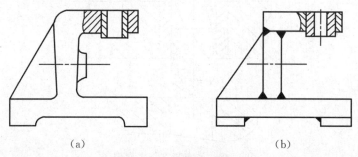

图 7-21　固定式钻模板

当采用上述整体式钻模板不方便制造时,可选用如图 7-22 所示的装配式钻模板,该结构设计方便,制造简单。为了防止钻模板在使用过程中移动,除了采用螺钉紧固外,还得用两个定位销以确保钻套与定位元件之间的位置准确。

(2) 铰链式钻模板

当钻模板妨碍工件装卸或钻孔后需要攻螺纹时,可采用如图 7-23 所示的铰链式钻模板,该钻模板可以绕铰链销旋转。

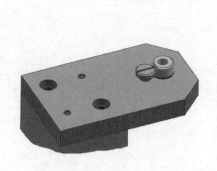

图 7-22　装配式钻模板

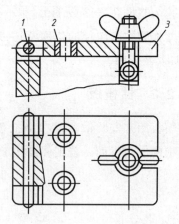

1—铰链销；2—钻套；3—钻模板。

图 7-23　铰链式钻模板

由于铰链式钻模板是悬臂的,而铰链部分存在配合间隙,钻套的位置精度不能保证,致使工件的加工精度没有固定式钻模板高,但装卸方便。为了提高钻孔的位置精度,对于长度较大的铰链式钻模板,其另一端应设置控制位置发生偏斜的导向元件。

(3) 可卸式钻模板

可卸式钻模板是指可以根据加工需要进行装卸的钻模板,如图 7-24 所示。钻模板 1 以两个定位孔在夹具体 3 上的圆柱销 2 和菱形销 4 上定位,并用铰链螺栓将钻模板和工件一起夹紧。加工完毕后,需将钻模板卸下,才能装卸工件。使用该钻模板时,装卸工件费时费力,但其钻套的位置精度较低。

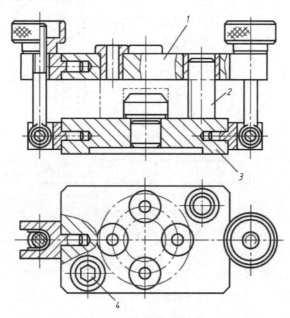

1—钻模板;2—圆柱销;3—夹具体;4—菱形销。

图 7-24 可卸式钻模板

在不便使用其他钻模板的情况下,也可采用可卸式钻模板,如图 7-25 所示,钻模板 3 和工件 5 被开口垫圈 2 和带肩螺母 1 夹紧在夹具体 6 上。加工完毕后需要先将钻模板卸下,才能装卸工件。

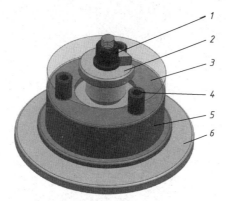

1—带肩螺母;2—开口垫圈;3—钻模板;4—钻套;5—工件;6—夹具体。

图 7-25 可卸式钻模板的应用

(4) 悬挂式钻模板

在立式钻床或组合机床上采用多轴传动头加工平行孔系时,钻模板连接在机床主轴的传动箱上,随机床主轴上下移动,这种结构称为悬挂式钻模板,如图 7-26 所示,它随主轴一起靠近或离开工件,与夹具体的相对位置由滑柱来保证。

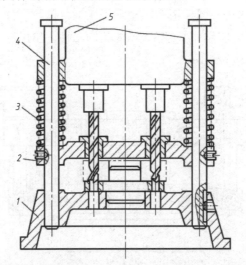

1—底座；2—钻模板；3—弹簧；4—导向滑座；5—横梁。

图 7-26 悬挂式钻模板

2. 钻模板的设计要求

① 钻模板应具有足够的刚度,以保证钻套位置的准确。钻模板的厚度可以按照钻套的高度选取,一般为 15~30 mm。若钻套的尺寸过高,钻模板也不需要设计得过于厚重,可将安装部分局部加厚,设置加强肋。设计钻模板时,一般不应使其承受夹紧力。

② 焊接式钻模板往往因焊接应力不能彻底消除而不易保证加工精度,该类钻模板只适用于工件孔距公差大于 0.1 mm 的情况。若工件孔距公差要求小于 0.1 mm,应采用装配式钻模板或铸造式钻模板。

③ 钻模板上安装钻套的座孔之间、座孔与定位元件的位置精度要足够高,对于铰链式钻模板和悬挂式钻模板尤其要注意这项要求。

④ 钻套的轴线最好与夹具体的承载面保持水平或垂直,以保证钻削过程中刀具不会发生偏斜或折断。

7.2.3 钻模对刀误差的计算

采用钻模进行钻削加工时,刀具与钻套的最大配合间隙 X_{max} 的存在会引起刀具的偏斜,将导致加工孔的偏移量 X_2,由图 7-27 可知:

$$X_2 = \frac{B+h+H/2}{H} X_{max}$$

式中,B 为工件厚度,单位为 mm;H 为钻套高度,单位为 mm;h 为排屑间隙,单位为 mm。

当工件较厚时,按照 X_2 计算对刀误差,即 $\Delta_T = X_2$;当工件较薄时,按照 X_{max} 计算对刀误差,即 $\Delta_T = X_{max}$。

实践证明,用钻模钻孔时加工孔的偏移量远小于上述理论值。加工孔时,孔径 D' 大于

钻头直径 d，由于钻套孔径 D 的约束，一般情况下 $D'=D$，即加工孔的中心实际上与钻套中心重合，因此 Δ_T 趋于零。

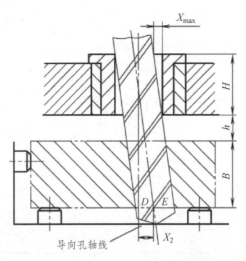

图 7-27　钻模对刀误差

7.2.4　夹具体

钻模夹具体与机床的连接一般不需要设置定位或导向装置。钻模通过夹具体的底面安放在钻床的工作台上，直接采用钻套找正加工位置，并用螺栓压板夹紧。

由于夹具体的底面为安装基面，加工质量要求较高。一般采用减小夹具体底面与机床工作台的接触面积这种方式，以缩短夹具体底面的加工量，提高底面的加工精度，所以夹具体的底面常中部挖空或设置支脚，其结构形式如图 7-28 所示。支脚可以与夹具体做成一体，也可做成装配式。支脚的端面为矩形或圆柱形，做成四个支脚用于接触机床工作台，且支脚的宽度必须大于机床工作台 T 形槽的宽度，以防止陷入槽内。

当采用焊接夹具体时，壁厚一般取 8～15 mm，必要的时候可通过设置加强肋来增加夹具的刚度，加强肋的厚度可取壁厚的 0.7～0.9 倍。当采用铸造夹具体时，壁厚一般取 15～30 mm，将重要表面设计成凸台结构，以减小加工面积，如图 7-29 所示。

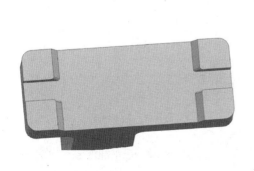

图 7-28　夹具体的支脚

图 7-29　铸造夹具体

钻模夹具体的重要表面需要给出位置公差,如图 7-30 所示。图中,底面 A 作为夹具的安装基准,安装定位元件的 ϕ20H7 孔的中心线相对于底面 A 的平行度公差不超过 0.02 mm,其右端面与底面 A 的垂直度公差不超过 0.05 mm。

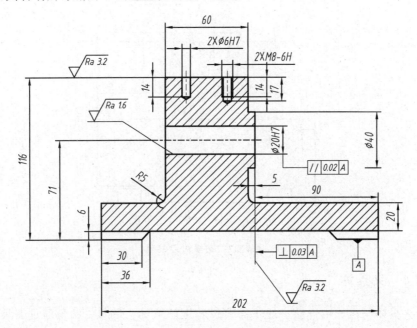

图 7-30　夹具体重要尺寸的标注方法

7.2.5　夹具总图的绘制

1. 钻模总图中需要标注的尺寸及公差

钻模总图中需要标注的尺寸公差主要有:

① 钻模的最大轮廓尺寸。

② 钻套导向孔的尺寸公差。

③ 定位元件的尺寸公差及影响钻模精度的尺寸公差,如钻套的轴线与定位元件之间的位置尺寸公差等。

④ 其他重要的尺寸,如钻模的内部元件之间的配合尺寸等。

2. 钻模总图需要标注的技术要求

钻模总图需要标注的技术要求主要有:

① 各个限位基面对钻模安装面的垂直度或平行度。

② 钻套的轴线对钻模安装面的垂直度或平行度。

③ 钻套的轴线与限位基面的位置要求。

④ 其他一些重要的技术要求。

图 7-31 为用于钢套钻削 ϕ6 mm 孔的钻模夹具总图,图上标注尺寸 203 mm、131 mm、80 mm 为钻模的外形轮廓尺寸;ϕ6F7 为钻套导向孔的尺寸;ϕ30g6 为定位元件(销轴)的限位基面尺寸公差;(37.5±0.02)mm 为夹具保证工序位置精度的尺寸;ϕ6H7/r6、ϕ20H7/n6

为夹具内部(圆柱销与钻模板、夹具体之间,销轴与夹具体之间)的配合尺寸。此外,还注出了钻套导向孔的轴线与夹具安装基面之间的垂直度要求,与销轴轴线之间的对称度要求;销轴的轴线与安装基面之间的平行度要求;等等。

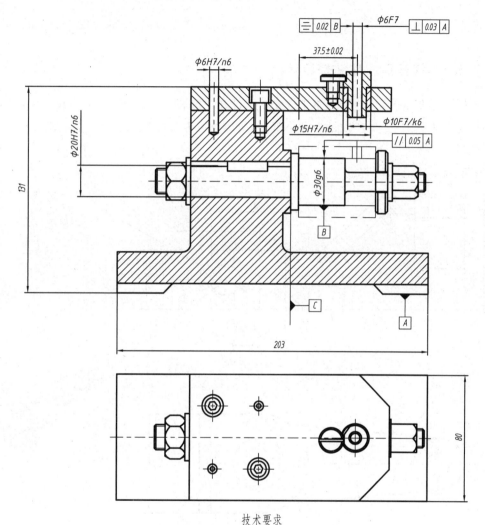

技术要求
1. 销轴的轴线相对于基准C的垂直度公差不超过0.03 mm。
2. 衬套压入钻模板应稍微低于钻模板的表面。

图 7-31 用于钢套钻削φ6孔的钻模夹具总图

7.3 钻床夹具项目设计

7.3.1 杠杆臂零件钻模设计

杠杆臂零件如图 7-32 所示,本工序要求工件在一次装夹后钻削 $\phi 10^{+0.015}_{0}$ mm 和 $\phi 13$ mm 的两个相互垂直的孔,生产批量为中小批量,所用设备为 Z525 立式钻床,现要求设计钻模。

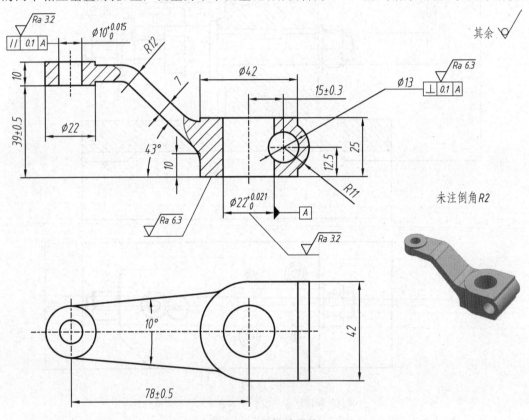

图 7-32 杠杆臂零件

1. 定位装置设计

(1) 分析加工要求

杠杆臂零件的毛坯材料为 Q255,模锻件,主要结构包括杆身、小头和大头三部分,小头部位悬伸,刚性较差。除了 $\phi 10^{+0.015}_{0}$ mm、$\phi 13$ mm 两孔外,其他表面均已经加工完毕。采用钻模加工两孔需要保证的精度主要有:

① $\phi 10^{+0.015}_{0}$ mm 孔和 $\phi 22^{+0.021}_{0}$ mm 孔的距离尺寸为 (78 ± 0.5) mm,两孔平行,且 $\phi 10^{+0.015}_{0}$ mm 孔相对于 $\phi 22^{+0.021}_{0}$ mm 孔的平行度公差不超过 0.1 mm,$\phi 10^{+0.015}_{0}$ mm 孔与 $\phi 22^{+0.021}_{0}$ mm 孔位于工件的前后对称中心面上。

② $\phi 13$ 孔距离 $\phi 22^{+0.021}_{\ 0}$ mm 孔端面的尺寸为 12.5 mm,距离 $\phi 22^{+0.021}_{\ 0}$ mm 孔的尺寸为 (15 ± 0.3) mm,两孔垂直,且 $\phi 13$ mm 孔相对于 $\phi 22^{+0.021}_{\ 0}$ mm 孔的垂直度公差不超过 0.1 mm。

$\phi 10^{+0.015}_{\ 0}$ mm 孔位于小头部位,尺寸精度和表面粗糙度要求较高,需要钻、扩、铰多道工序。$\phi 13$ mm 孔位于大头部位,加工精度要求较低。两个孔所在表面相互垂直,加工完一个孔后需要翻转 90°再加工另一个孔,故应设计成翻转式钻模。

建立杠杆臂工件坐标系,如图 7-33 所示,$\phi 10^{+0.015}_{\ 0}$ mm 孔、$\phi 13$ mm 孔两孔在三个方向上均有位置精度要求,故需要采用完全定位方式,即工件 $\vec{X}$、$\vec{Y}$、$\vec{Z}$、$\overset{\curvearrowright}{X}$、$\overset{\curvearrowright}{Y}$、$\overset{\curvearrowright}{Z}$ 六个自由度均需要消除。

(2) 确定定位方案

工件 $\phi 10^{+0.015}_{\ 0}$ mm 孔的两端面、$\phi 22^{+0.021}_{\ 0}$ mm 孔及其两端面均已经加工完成,遵循定位基准与工序基准尽量重合的原则,选取 $\phi 22^{+0.021}_{\ 0}$ mm 孔的下端面作为主要定位基面,限制工件 $\vec{Z}$、$\overset{\curvearrowright}{X}$、$\overset{\curvearrowright}{Y}$ 三个自由度;$\phi 22^{+0.021}_{\ 0}$ mm 孔作为次要定位基面,限制工件 $\vec{X}$、$\vec{Y}$ 两个自由度;$\phi 10^{+0.015}_{\ 0}$ mm 孔所在的外圆面作为第三定位基面,限制工件 $\overset{\curvearrowright}{Z}$ 自由度。这样工件的六个自由度都被完全限制。考虑到 $\phi 10^{+0.015}_{\ 0}$ mm 孔所在的加工部位为悬臂,此处可增加一个辅助支承,布置在 $\phi 10^{+0.015}_{\ 0}$ mm 孔的下端面,以提高支承刚度,加强工艺系统的稳定性,定位示意图如图 7-34 所示。

图 7-33 工件坐标系

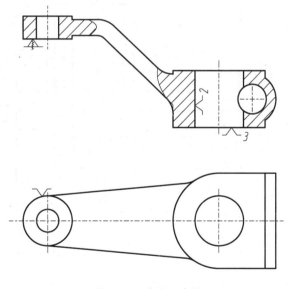

图 7-34 定位示意图

(3) 设计定位元件

选用带台阶面的定位销轴与 $\phi 22^{+0.021}_{\ 0}$ mm 孔及其下端面支承,限制工件 $\vec{Z}$、$\overset{\curvearrowright}{X}$、$\vec{Y}$、$\vec{X}$、$\overset{\curvearrowright}{Y}$ 五个自由度;在 $\phi 10^{+0.015}_{\ 0}$ mm 孔所在的外圆面布置一个可调支承钉,限制工件 $\overset{\curvearrowright}{Z}$ 自由度;另在 $\phi 10^{+0.015}_{\ 0}$ mm 孔的下端面布置一个螺旋辅助支承来提高工件的支承刚度,具体定位方案如图 7-35 所示。

图 7-35 定位方案

① 销轴。

销轴结构如图 7-36 所示，其中，$\phi 42$ mm 的台阶轴的端面与工件的 $\phi 22^{+0.021}_{0}$ mm 孔的下端面接触定位，$\phi 22^{-0.007}_{-0.020}$ mm 的外圆与 $\phi 22^{+0.021}_{0}$ mm 内孔配合定位（H7/g6）。同时，销轴的一端制出 M12 螺纹，用于将其固定在夹具体上；另一端制出 M8 螺纹，用于工件的夹紧装置。

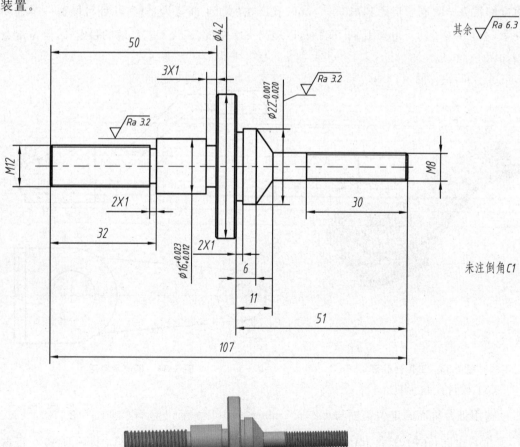

图 7-36 定位销轴

② 可调支承。

选用六角头支承 M8×35(JB/T 8026.1—1999,图 7-37)作为工件小头部位的定位元件,限制工件的 $\vec{Z}$ 自由度。将可调支承尾端固定在夹具体上,头部顶住工件的小头外圆柱面,调整好位置后,用螺母锁紧,作为固定支承使用。

③ 螺旋辅助支承。

在工件小头部位 $\phi 10_{0}^{+0.015}$ mm 孔的下端面采用螺旋辅助支承来增强工件的支承刚度。当调整好螺旋辅助支承的高度后,采用圆螺母 M22(GB/T 812—2008)锁紧,如图 7-38 所示。

图 7-37 六角头支承

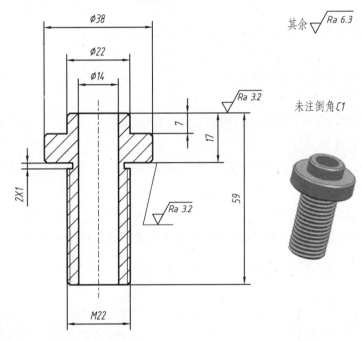

图 7-38 螺旋辅助支承

(4) 计算定位误差

$\phi 10_{0}^{+0.015}$、$\phi 13$ 孔的孔径公差由定尺寸刀具保证,不需要计算定位误差。

① 对于工序尺寸 (78 ± 0.5) mm,工序基准为 $\phi 22_{0}^{+0.021}$ mm 的轴线,定位基准也是 $\phi 22_{0}^{+0.021}$ mm的轴线,工序基准与定位基准重合,故基准不重合误差为

$$\Delta_B = 0$$

工件以 $\phi 22_{0}^{+0.021}$ mm 孔定位,间隙配合,为任意边接触,则基准位移误差为

$$\Delta_Y = \delta_D + \delta_d + X_{min} = (0.021 + 0.013 + 0.007)\,\text{mm} = 0.041\,\text{mm}$$

所以,工序尺寸 (78 ± 0.5) mm 的定位误差为

$$\Delta_D = \Delta_Y = 0.041\,\text{mm}$$

定位误差小于尺寸公差的 $\frac{1}{3}$,故该方案满足要求。

② 对于工序尺寸(15±0.3)mm，工序基准为$\phi 22^{+0.021}_{0}$ mm 的轴线，定位基准也是$\phi 22^{+0.021}_{0}$ mm的轴线，工序基准与定位基准重合，故基准不重合误差为

$$\Delta_B = 0$$

工件以$\phi 22^{+0.021}_{0}$ mm 孔定位，间隙配合，为任意边接触，则基准位移误差为

$$\Delta_Y = \delta_D + \delta_d + X_{\min} = (0.021+0.013+0.007)\mathrm{mm} = 0.041 \mathrm{~mm}$$

所以，工序尺寸(15±0.3)mm 的定位误差为

$$\Delta_D = \Delta_Y = 0.041 \mathrm{~mm}$$

定位误差小于尺寸公差的$\frac{1}{3}$，故该方案满足要求。

③ 对于工序尺寸 12.5 mm，工序基准为$\phi 22^{+0.021}_{0}$ mm 孔的下端面，定位基准也为$\phi 22^{+0.021}_{0}$ mm孔的下端面，工序基准与定位基准重合，故基准不重合误差为

$$\Delta_B = 0$$

工件底端以平面定位，则基准位移误差为

$$\Delta_Y = 0$$

所以，工序尺寸 12.5 mm 的定位误差 $\Delta_D = 0$，满足要求。

2. 夹紧装置设计

由于工件$\phi 22^{+0.021}_{0}$ mm 孔的下端面作为主要定位基面，故夹紧力的作用方向应该垂直于该端面，竖直向下，如图 7-39 所示。

又$\phi 13$孔的钻削力大于$\phi 10^{+0.015}_{0}$的钻削力，故夹紧力作用点可以布置在工件大头部位$\phi 22^{+0.021}_{0}$ mm孔的上端面。采用开口垫圈快换螺旋夹紧机构(图 7-40)，夹紧可靠，装卸方便。

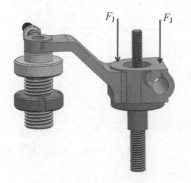

图 7-39 夹紧力的作用方向

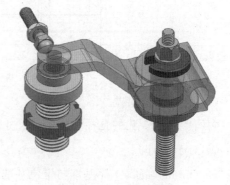

图 7-40 夹紧方案

开口垫圈(JB/T 8008.5—1999)的规格为 A8×30，带肩六角螺母(JB/T 8004.1—1999)规格为 M8，如图 7-41 所示。

3. 钻套选择与钻模板的设计

(1) $\phi 13$孔用钻套及钻模板

根据被加工孔的孔径与高度，查询夹具设计手册，钻削$\phi 13$孔的固定钻套(JB/T 8045.1—1999)的规格选取 B13×28，如图 7-42 所示。

图 7-41　开口垫圈与带肩螺母

图 7-42　固定钻套

用于安装固定钻套的钻模板如图 7-43 所示，其中钻套与钻模板座孔采用 $\phi 22H7/n6$ 配合，钻模板通过圆柱销、螺钉与夹具体连接。

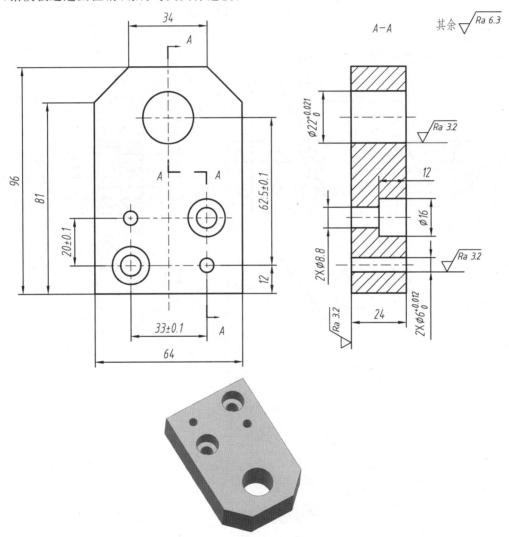

图 7-43　用于安装固定钻套的钻模板

(2) $\phi 10^{+0.015}_{\ \ 0}$ mm 孔用钻套及钻模板

钻削 $\phi 10^{+0.015}_{\ \ 0}$ mm 孔需要钻、扩、铰多道工序，故需要选用快换钻套（JB/T 8045.3—1999）。查询夹具设计手册，钻孔选用规格为 9.2F7×15m6×28 的钻套，扩孔选用规格为 9.7F7×15m6×28 的钻套，铰孔选用规格为 10F7×15m6×28 的钻套，与之配合的衬套

(JB/T 8045.4—1999)的规格为 A15×16，钻套用螺钉(JB/T 8045.5—1999)的规格为 M6，快换钻套和衬套如图 7-44 所示。

图 7-44　快换钻套与衬套

用于安装快换钻套的钻模板如图 7-45 所示，其中衬套与钻模板座孔采用 $\phi22H7/n6$ 配合，钻模板通过圆柱销、螺钉与夹具体连接。

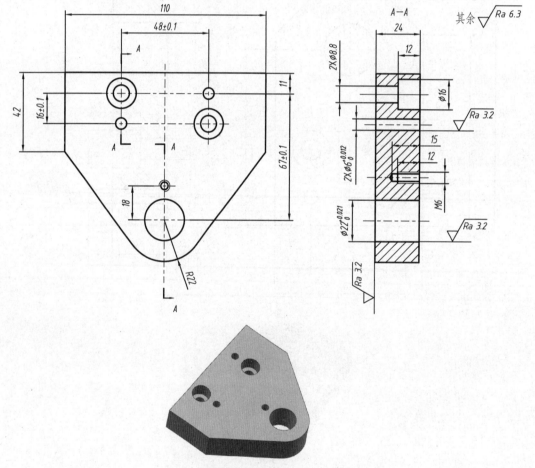

图 7-45　用于安装快换钻套的钻模板

4. 夹具体设计

本设计采用铸造夹具体，如图 7-46 所示，将定位元件的安装表面及其他一些重要表面铸成凸台，以便减小加工面积。将夹具体做成中空形式，有利于降低夹具重量，便于翻转工位。

7 钻床夹具的设计

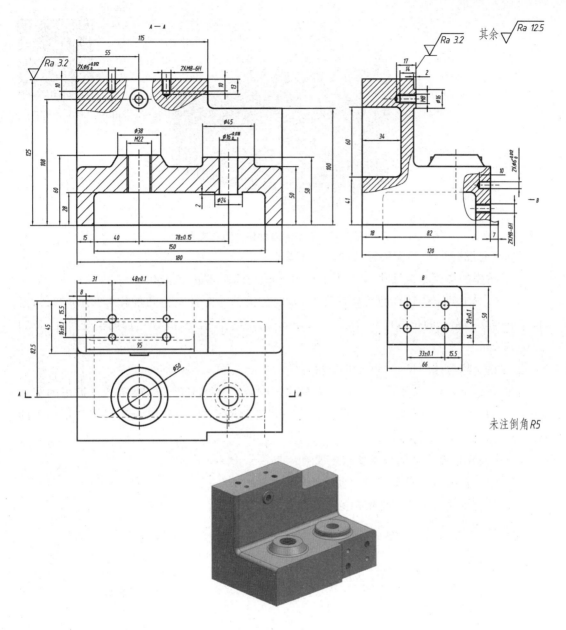

图 7-46 夹具体

5. 钻模总图绘制

杠杆臂零件钻削两孔夹具如图 7-47 所示。工件被销轴、可调支承定位后，用开口垫圈、带肩螺母夹紧，销轴的另一端锁紧在夹具体上。将钻模安放在钻床工作台上，通过钻套导向孔确定钻模与机床的加工位置。加工完一个孔，需要翻转钻模 90°后再加工另外一个孔。

图 7-47　杠杆臂零件钻削两孔夹具

钻模总图(图 7-48)需要标注的尺寸主要有：

① 钻模的最大轮廓尺寸，如夹具长 180 mm，宽 137 mm，高 159 mm。

② 影响工件定位精度的尺寸及公差，如定位销轴与工件定位孔的配合尺寸ϕ22g6，定位销轴与快换钻套的位置尺寸(78±0.15)mm，固定钻套与工件定位基面的位置尺寸(12.5±0.15)mm。

③ 钻套导向孔的尺寸，如ϕ10F7、ϕ13F7。

④ 其他重要尺寸，如定位销轴与夹具体的配合尺寸ϕ16H7/n6，固定钻模板用的圆柱销与夹具体的配合尺寸ϕ6H7/r6，快换钻套与衬套的配合尺寸ϕ15F7/n6，衬套与钻模板的配合尺寸ϕ22H7/n6，等等。

钻模总图需要标注的技术要求主要有：

① 钻套轴线与钻模安装面的垂直度要求。

② 钻套轴线与定位元件销轴的平行度或垂直度要求。

③ 定位元件销轴与钻模安装面的垂直度要求。

7 钻床夹具的设计

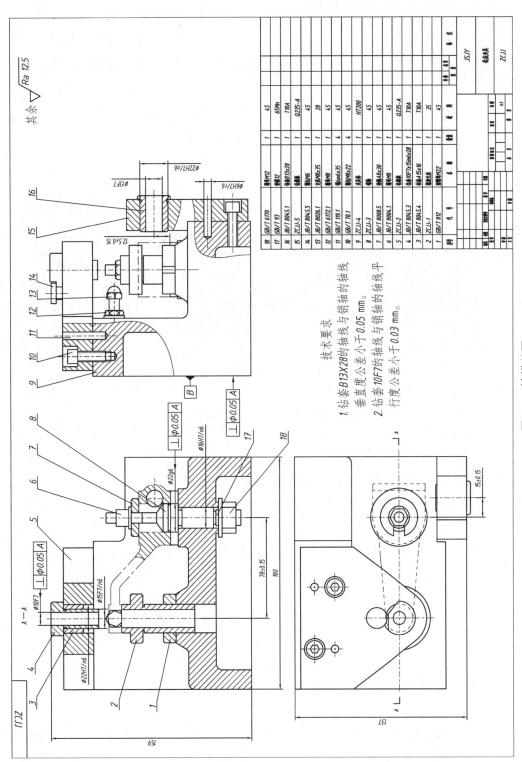

图7-48 钻模总图

7.3.2 轴承盖零件钻模设计

轴承盖零件如图 7-49 所示,毛坯为棒料 $\phi110\times50$,材料为 45 钢,中小批量生产。工件的端面及 $\phi36^{+0.025}_{0}$ mm 孔、$\phi72^{+0.030}_{0}$ mm 孔已经加工完成,本工序要求工件在一次装夹后钻削 3 个 $\phi7^{+0.1}_{0}$ mm 孔,现要求设计钻模。

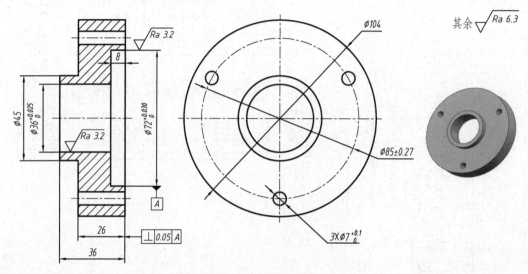

图 7-49 轴承盖零件

因为工件的加工批量较小,被加工孔为小孔孔系加工,且被加工孔的精度要求不高,所以可选择采用盖板式钻模来实现加工要求。

1. 定位装置设计

(1) 分析加工要求

轴承盖零件 $\phi104$ mm、$\phi45$ mm 的两端面和 $\phi36^{+0.025}_{0}$ mm、$\phi72^{+0.030}_{0}$ mm 内孔已经加工完成,现要求加工 3 个 $\phi7^{+0.1}_{0}$ mm 的孔。3 个 $\phi7^{+0.1}_{0}$ mm 孔在 $\phi85\pm0.27$ mm 圆周上均匀分布,孔的尺寸精度与位置精度都不高,采用盖板式钻模能够保证加工要求。

建立工件坐标系,如图 7-50 所示。要保证 3 个 $\phi7^{+0.1}_{0}$ mm 孔在 $\phi85\pm0.27$ mm 圆周上均匀分布,可通过在钻模板上设置 3 个孔来实现;要保证 3 个 $\phi7^{+0.1}_{0}$ mm 孔的轴线与端面垂直,轴线之间相互平行,孔壁厚度均匀,需要限制工件的 $\vec{X}$、$\vec{Y}$、$\vec{X}$、$\vec{Y}$ 四个自由度。

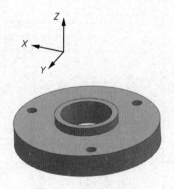

图 7-50 工件坐标系

(2) 确定定位方案

工件的两端面和 $\phi36^{+0.025}_{0}$ mm、$\phi72^{+0.030}_{0}$ mm 孔均已经加工完成,这为定位方案的设计提供了条件。选取 $\phi72^{+0.030}_{0}$ mm 孔及其端面作为定位基面,如图 7-51 所示,可消除工件的 $\vec{X}$、$\vec{Y}$、$\vec{Z}$、$\vec{X}$、$\vec{Y}$ 五个自由度。

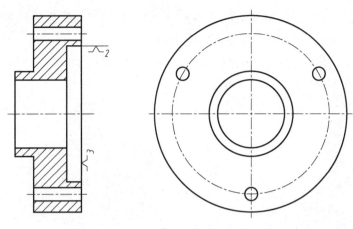

图 7-51 工件定位基面的选取

与之相对应,可选择一个带大端面的短销与工件相应表面接触定位,即可满足支承要求,如图 7-52 所示。实际支承定位是通过销轴的台阶面与工件 $\phi72^{+0.030}_{0}$ mm 孔的内端面支承定位,限制工件的 $\vec{Z}$、$\vec{Y}$、$\vec{X}$ 三个自由度;通过销轴的 $\phi72^{-0.010}_{-0.029}$ mm 轴段与工件 $\phi72^{+0.030}_{0}$ mm 的孔配合,限制工件的 $\vec{X}$、$\vec{Y}$ 两个自由度。

(3) 设计定位元件

本夹具的定位元件只有销轴一个元件,如图 7-53 所示。销轴已经加工出 3 个 $\phi12$ 孔槽,以便排屑使用。其一端制出螺纹 M16,用于夹紧装置;另一端制出螺纹和键槽,以便与夹具体连接。

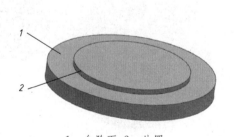

1—台阶面;2—外圆。

图 7-52 定位方案

图 7-53 销轴

2. 钻套与钻模板

采用可卸式钻模板,在钻模板上加工出 3 个 $\phi12H7$ 座孔,以便安装钻套,如图 7-54 所示。3 个 $\phi12H7$ 座孔位于 $\phi85\pm0.09$ mm 的圆周上,且均匀分布,能够保证 3 个 $\phi7^{+0.1}_{0}$ mm 孔的中心距要求。加工批量不大,采用固定钻套 A7×16,其与钻模板的配合为 $\phi12H7/n6$。

图 7-54 可卸式钻模板

3. 夹紧装置设计

因为工件的下端面作为主要定位基面,故夹紧力的作用方向最好垂直于工件的下端面,如图 7-55 所示。

考虑到工件结构尺寸和加工批量等因素,选取手动螺旋快速夹紧装置,如图7-56所示,通过销轴将钻模板、工件及夹具体连接起来,销轴的一端采用开口垫圈(A16×50)、带肩螺母(M16)夹紧,另一端选用六角螺母(M16)、弹簧垫圈锁紧,该夹紧装置制作简单,夹紧可靠,松开迅速。

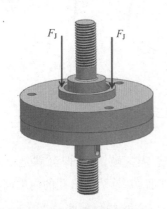

图 7-55　夹紧力的作用方向

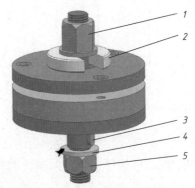

1—带肩螺母;2—开口垫圈;3—平键;4—垫圈;5—螺母。

图 7-56　夹紧装置

4. 夹具体设计

采用铸造夹具体,用于支承、连接其他元件,如图7-57所示。夹具体的底部中空,以便减小加工面积和夹具体重量;上部铸出3个斜槽,用于切屑排出;中间留有键槽结构,用于与销轴连接。

图 7-57　铸造夹具体

图 7-58　轴承盖钻孔夹具

轴承盖三孔

5. 钻模使用特点

轴承盖钻孔夹具如图7-58所示,钻模板直接盖在工件上,其底平面与工件的顶面紧密接触,保证了钻头轴线与工件顶面的垂直关系。将钻模平放在钻床工作台上,通过钻套引导刀具,可顺利找到待加工孔的加工位置进行钻削加工。工件加工完成后,稍微旋松螺母,抽出开口垫圈,卸下钻模板和工件,再重新装夹下一个工件,依次加工。该夹具结构简单,制造、使用皆方便。

练 习

1. 钻模的种类有哪些？说明各自的应用范围。
2. 钻套的作用有哪些？
3. 阐述标准钻套的主要类型及各自的应用条件。
4. 钻模板的种类有哪些？说明各自的使用条件。
5. 阐述钻套导向孔的尺寸公差选择要求。
6. 叙述如图 7-59 所示的钻模的使用方法。

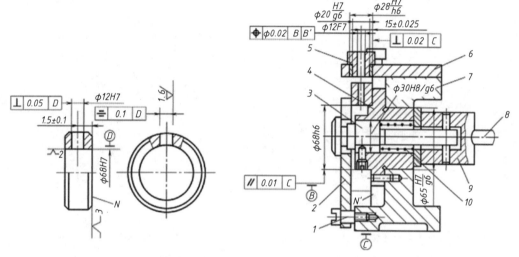

(a) 零件加工孔的工序图　　(b) 钻模装配示意图

1—螺钉；2—转动开口垫圈；3—拉杆；4—定位法兰；5—快换钻套；6—钻模板；7—夹具体；
8—手柄；9—圆偏心凸轮；10—弹簧。

图 7-59　圆套钻孔钻模

7. 阐述如图 7-60 所示的钻模的使用方法。

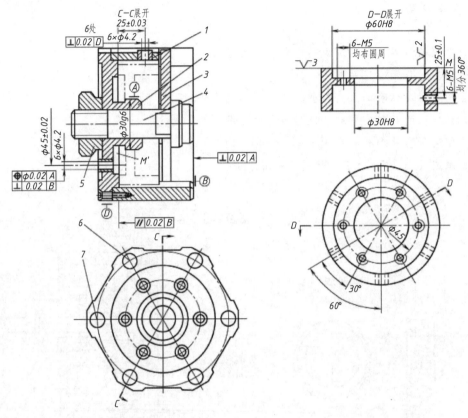

(a) 翻转式钻模装配示意图　　　　(b) 零件工序图

1—夹具体；2—定位销轴；3—削扁开口垫圈；4—螺杆；5—手轮螺母；6—销；7—螺钉。

图 7-60　轴盖钻孔钻模

8. 试设计如图 7-61 所示的支架钻削 $\phi 20^{+0.052}_{\ \ 0}$ mm 孔的钻模。

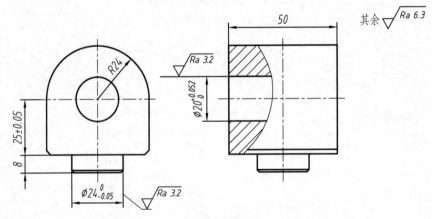

图 7-61　支架

9. 试设计如图 7-62 所示的杠杆钻削 ϕ10 mm 孔的钻模。

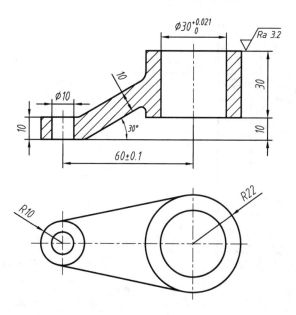

图 7-62 杠杆

10. 试设计如图 7-63 所示的连杆钻削 ϕ6.5 mm、ϕ10H10 孔的钻模。

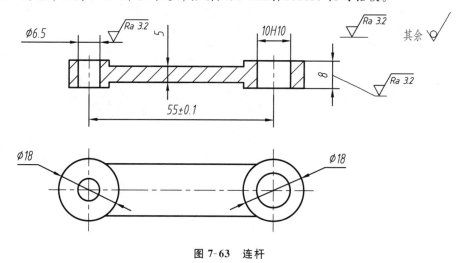

图 7-63 连杆

11. 试设计如图 7-64 所示的套筒钻削 3×ϕ6H9 孔的钻模。

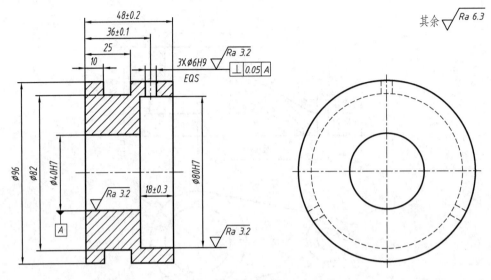

图 7-64 套筒

8 其他机床夹具

对于如图 8-1 所示的六种结构形式的工件(外形轮廓尺寸接近),能否共用一套夹具?

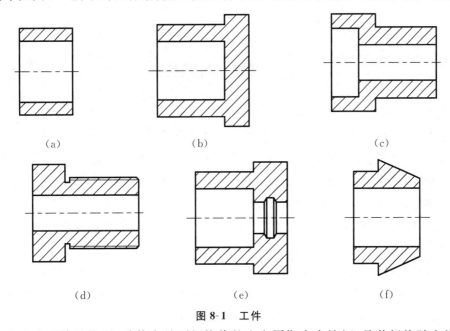

图 8-1 工件

工业生产的快速发展,致使产品更新换代的生产周期大大缩短,品种规格随之增多,目前中小批量、多品种的工件生产已经占据工件全部生产总数的 85% 左右,这对夹具的设计与制造都提出了新的要求。生产企业对机床夹具的要求会因为生产类型的不同、产品种类的差异等因素而有所区别,但总的来说,对于现代机床夹具的要求主要有以下几点:

① 能够迅速、方便地装备新产品,使之尽快投产,缩短生产准备周期,降低生产成本,适应市场竞争。

② 能够装夹一组具有相似性特征的工件(零件族)。

③ 适用于精密加工的高精度机床夹具。

④ 适用于各种现代化数控加工技术的新型机床夹具。

⑤ 加大夹具的柔性化、低成本设计。

⑥ 带有输送功能的自动化夹具。

⑦ 带有机动夹紧的夹紧装置，进一步提高生产效率。

⑧ 进一步提高夹具的标准化程度。

随着社会生产模式的演变及智能技术的广泛应用，机床夹具的发展趋势会向精密化、自动化、柔性化、标准化等方向发展。对于生产企业来说，机床夹具的实际应用可能更关注夹具自身的低成本设计，具体如下：

① 增加专用夹具的功能，使其可以代替多个夹具使用，降低夹具设计的成本。

② 对夹具体、连接元件等，降低设计成本。

③ 将专用夹具改成可调整夹具，如成组夹具、滑柱式钻模，减少夹具数量，降低企业制造成本。

④ 采用新型夹具，如组合夹具、通用可调夹具，减少专用夹具数量，降低专用夹具设计成本。

8.1 可调夹具

可调夹具包括通用可调夹具和成组夹具，由通用部件与可调、更换部件组成，通过对可调、更换部件的调整或者更换，可以适应不同零件的加工。采用这类夹具可以大幅度降低夹具的数量，节省夹具设计及制造费用，降低企业生产成本，缩短产品生产周期，是实现机床夹具标准化、系列化和通用化的有效途径。

可调夹具只需要稍微更改个别定位、夹紧、导向等元件，即可完成多种零件的加工，它既能适用于多品种、小批量生产的需要，也能适用于少品种、较大数量生产的需要。

可调夹具根据可更换调整的工作方式的不同，有更换式、调整式及更换调整式三种方式。更换式操作简便，适用范围较大；调整式组成元件少，制造成本低，但调整花费时间较长，夹具精度会有一定影响；更换调整式兼具前两者的优点。

8.1.1 通用可调夹具

通用可调夹具是在通用夹具的基础上发展起来的一种可调夹具，其加工适应的范围更广，可用于不同的生产类型，缩短专用夹具设计的时间，但自身调整时间较长。例如，滑柱式钻模只需要更换不同的定位、夹紧、导向元件，便可用于不同类型工件的钻孔加工。

通用可调夹具常见的结构有通用可调虎钳、通用可调三爪自定心卡盘及通用可调钻模等。图 8-2(a)所示为采用机械增力机构的通用可调气动虎钳，夹紧时，活塞 7 左移，使杠杆 6 做逆时针方向摆动，并经活塞杆 5、螺杆 4、活动钳口 3 夹紧工件。实际生产时，按照工件的不同轮廓形状，可更换调整件 Ⅰ、Ⅱ，如图 8-2(b)、(c)所示。

8 其他机床夹具

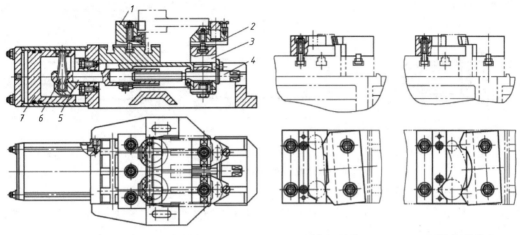

(a) 通用可调气动虎钳　　　　(b) 更换调整件Ⅰ　　　　(c) 更换调整件Ⅱ

1,2—可更换调整件；3—活动钳口；4—螺杆；5—活塞杆；6—杠杆；7—活塞。

图 8-2　通用可调气动虎钳

通过更换或者调整个别定位、夹紧元件，便可以实现形状相似的一组零件的加工或者某一道工序的加工，从而成为加工形状相似的一组零件或某一道工序的专用夹具。如图 8-3 所示为钻削轴类零件径向孔的通用可调夹具，该夹具可加工一定尺寸范围内的轴类工件上的 1～2 个径向孔，加工零件如图 8-4 所示。图 8-3 中夹具体 2 的上、下面均设有"V"形槽，适用于不同直径工件的定位。支承钉板 KT1 上的可调支承钉用于工件的端面定位。夹具体的 2 个侧面都开有 T 形槽，通过 T 形螺栓 3、十字滑块 4，使可调钻模板 KT2、KT3 及压板座 KT4 可以完成上、下、左、右调节。压板座上安装杠杆压板 1，用以夹紧工件。

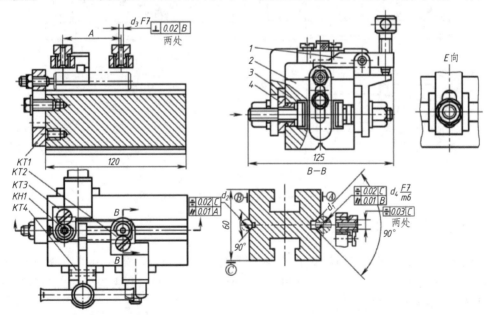

1—杠杆压板；2—夹具体；3—T 形螺栓；4—十字滑块；KH1—快换钻套；KT1—支承钉板；
KT2,KT3—可调钻模板；KT4—压板座。

图 8-3　通用可调夹具的应用

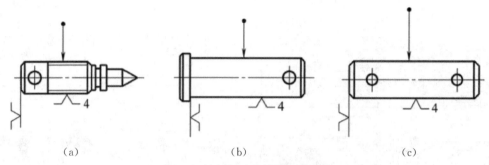

图 8-4 钻径向孔的轴类零件简图

通用可调夹具常采用复合调整方式,它利用多种通用调整元件的组合和变位实现工位的变化。图 8-5 所示为通用可调虎钳的五工位调整,调整件由"V"形块 1、定位钳口 2 和夹紧钳口 3 等组成。

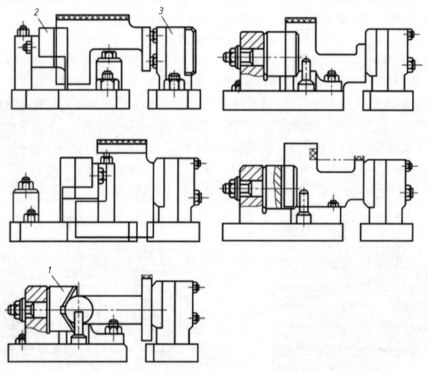

1—"V"形块;2—定位钳口;3—夹紧钳口。

图 8-5 通用可调虎钳的五工位调整

8.1.2 成组夹具

成组夹具是在成组工艺的基础上,针对一零件族的一道或者某几道工序,按照相似性原理专门设计的可调整夹具。工件的相似性原理包括工艺相似、装夹表面相似、形状相似、尺寸相似、材料相似、精度相似等。

成组夹具与通用可调夹具类似,都可以用于零件的成组加工。区别在于,成组夹具的设计更有针对性,它是为加工某一族几何形状、工艺过程、定位及夹紧相似的零件而设计的，与专用夹具更接近。例如，某零件的钻孔加工，其形状、工艺基本近似，所选定的基准也相同，就可以归为同一族。

如图8-6所示，三个杠杆类零件，形状近似，所选用的基准均是工件的底面、内孔，加工内容基本相同，故可以归为同一族。

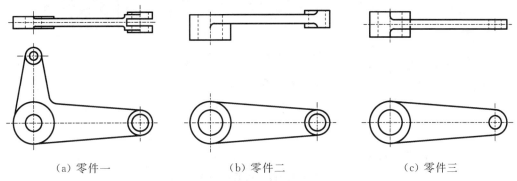

图8-6 杠杆类零件族

如图8-7所示，三个支架类零件，形状近似，所选用的基准均是工件的内孔、端面及侧面，加工内容基本相同，故也可以归为同一族。

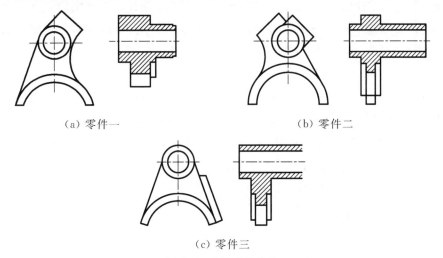

图8-7 支架类零件族

图8-8(a)、图8-8(b)、图8-8(c)为三个轴套类零件，均需要加工径向孔，它们的形状基本相同，装夹方法相似，按照成组夹具设计，如图8-8(d)所示，这样就减少了另外两套专用夹具的设计成本。

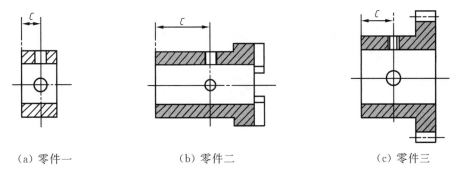

(a) 零件一　　　　　(b) 零件二　　　　　(c) 零件三

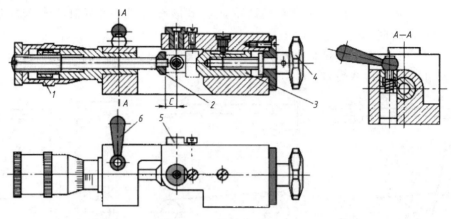

(d) 夹具总图

1—调节旋钮;2—定位支承;3—滑柱;4—夹紧手轮;5—钻套;6—锁紧手柄。

图 8-8 成组夹具的应用

成组夹具是一种可调夹具,其结构包括基础部分和可调部分。基础部分有夹具体、动力装置和控制机构等。基础部分是一组工件共同使用的部分。因此,基础部分的设计决定了成组夹具的结构、刚度、生产效率和经济效果。可调部分有可调整定位元件、夹紧元件、对刀导向和分度装置等。按照加工需要,这一部分零部件可进行调整,是成组夹具中的专用部分。可调部分是成组夹具的重要特征标志,直接决定了夹具的精度与效率。

成组夹具主要有如下特点:

① 由于夹具能够适用于同一零件族的多次使用,因此可以大幅度地降低企业的设计、制造成本,降低工件的单件生产成本,特别适合在数控机床上使用。

② 缩短产品的制造准备周期。

③ 更换工件时,只需要调整部分元件,即可满足加工要求,减少总的调整时间。

④ 对于新工件来说,同样不需要重新设计,大大减少了企业夹具的库存量。

成组夹具的设计重点是保证调整元件能够快速、正确地更换和调节,故对调整元件的设计要求主要有:

① 结构简单,调整方便、可靠,元件的使用寿命要长,操作要安全。

② 调整件应具有良好的结构工艺性,能够迅速装拆,满足生产效率的要求。

③ 定位元件的调整应能够保证工件的加工精度和有关的工艺要求。

④ 可以提高调整件的通用化和标准化程度,减少调整件的数量,以便于成组夹具的使用与管理。

⑤ 调整件由于经常需要调整、更换,故必须具有足够的刚度,尤其要注意调整件与相关连接件的接触刚度。

8.2 组合夹具

组合夹具是由一套预先制好的各种不同形状、不同规格、不同尺寸,具有完全互换性和高耐磨性、高精度的标准元件及合件,按照工件的加工要求组装而成的,能够实现工艺要求的夹具。不同于专用夹具的"设计→制造→使用→报废"单向过程,组合夹具使用完毕,可以轻松地拆散,分类存放保管,直至下一次组装成另一形式的夹具。一般情况下,组合夹具能够正常使用10~15年。组合夹具具有以下特点:

① 组成元件灵活多变,生产周期明显缩短。
② 设计、制造的费用显著降低。
③ 分类存放,便于保管。
④ 相对于专用夹具,组合夹具的一些元件体积大、重量大,致使安装笨重。
⑤ 功能齐全的组合夹具需要长期的元件储备。

由于组合夹具的上述特点,所以它的适用范围有:

① 从生产的批量来看,组合夹具适用于新产品的研制、试制,单件和小批量生产,或者多品种产品的生产。
② 从加工工序来说,组合夹具应用广泛。
③ 从加工工件的几何形状和结构尺寸来看,组合夹具一般不受工件形状的限制。
④ 从加工精度来说,精度可达到IT6~IT7级。

组合夹具的适用范围如表8-1所示。

表8-1 组合夹具的适用范围

组合夹具的系列	可加工工件的最大轮廓尺寸
6 mm、8 mm 系列	500 mm×250 mm×250 mm
12 mm 系列	1 500 mm×1 000 mm×500 mm
16 mm 系列	2 500 mm×2 500 mm×1 000 mm

1. 组合夹具的分类

组合夹具按照所依据的基面形状分为槽系和孔系两大种类,如图8-9所示。槽组合夹具的连接基面是T形槽,通过键、螺栓等元件定位、紧固连接。孔系组合夹具的连接基面是圆柱孔、螺纹孔组成的坐标孔系,通过圆柱销定位、螺钉紧固。我国多采用槽系组合夹具,又有大型、中型、小型之分,各个厂家根据自身工艺需要,逐步形成一套完整的组合夹具体系。

图 8-9 组合夹具的种类

2. 组合夹具的元件

图 8-10 所示为一套槽系组合夹具的组装与分解后的示意图,其元件主要有基础件、支承件、定位件、导向件、压紧件、紧固件、合件及其他件。

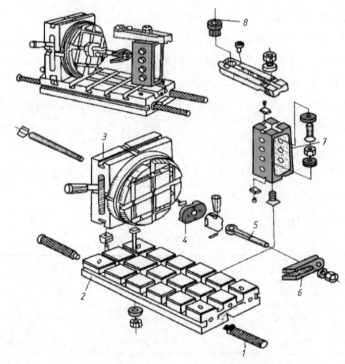

1—其他件(手柄杆);2—长方形基础件;3—分度合件;4—定位件(菱形定位盘);5—紧固件(螺栓);
6—压紧件(叉形支板);7—支承件(方形);8—导向件(快换钻套)。

图 8-10 组合夹具拆解

(1) 基础件

基础件作为夹具的底板,其他元件均可安装在其表面,主要有各种规格的圆形、方形、长方形、直角形基础板,如图 8-11 所示。方形、长方形基础板除了各面均有 T 形槽供组装其他元件外,底面还有一条平行于侧面的槽,可安装定位键,以使夹具与机床连接有定位基准。圆形基础板连接面上的 T 形槽有 90°、60°、45°三种角度排列,中心部位有一个基准圆柱孔和一个能与机床主轴法兰配合的定位止口。

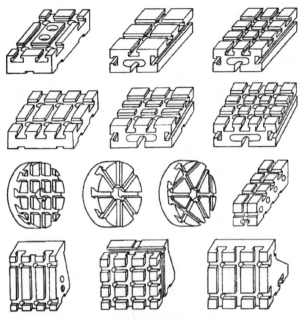

图 8-11 基础件

(2) 支承件

支承件也可称为结构件,如图 8-12 所示,是夹具的骨架元件,它与基础件组合在一起,起到夹具体的作用,除了基础件、合件外,其他元件均可安装在支承件上。这类元件包括各种规格的方形和长方形的垫板、角度支承、角度垫板等,用于不同高度、角度的支承。支承件上留有 T 形槽、键槽、穿螺栓用的过孔及螺孔,通过紧固件将其他元件与支承件固定在基础件上,连接成一个整体。

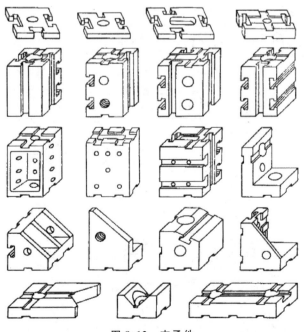

图 8-12 支承件

（3）定位件

定位件用于夹具元件之间的相互定位和工件的定位，并保证各元件的使用精度、组装精度和夹具的刚度，包括定位键、定位销、定位栓、定位盘、台阶板等，如图 8-13 所示。

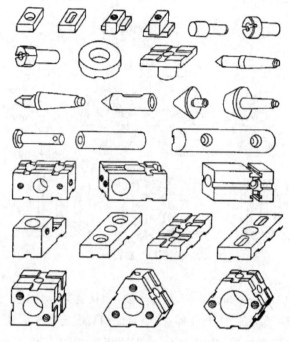

图 8-13　定位件

（4）导向件

导向件用于孔加工时刀具的导向，包括各种钻套、镗套、钻模板、导向支承等，如图 8-14 所示。

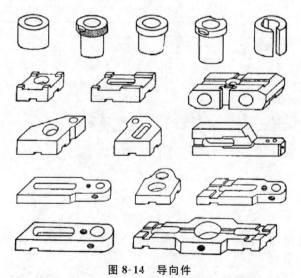

图 8-14　导向件

（5）压紧件

压紧件将工件压紧在夹具上，包括各种结构的压板，如图 8-15 所示。

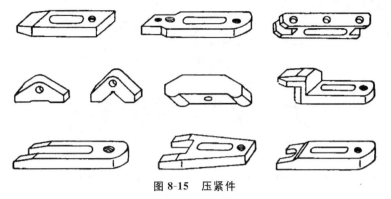

图 8-15 压紧件

（6）紧固件

紧固件用于元件之间的连接、固定，包括各种螺栓、螺钉、螺母及垫圈等，如图 8-16 所示。

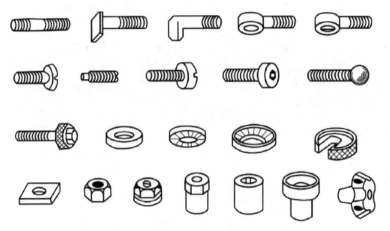

图 8-16 紧固件

（7）合件

合件是指夹具使用后不需要拆散，可以用于后期使用的独立部件，如图 8-17 所示。合件主要有定位合件、支承合件、分度合件、导向合件等。合件能使组合夹具组装时更省时省力。

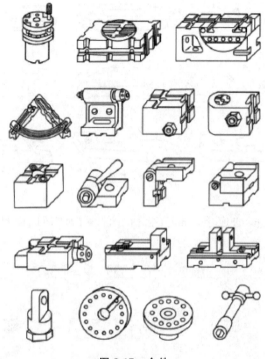

图 8-17 合件

(8) 其他件

其他件不属于上述 6 类的杂项元件,如手柄、平衡块等,如图 8-18 所示。

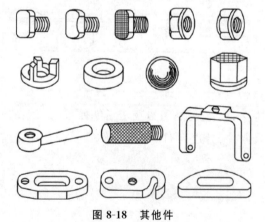

图 8-18 其他件

3. 组合夹具的应用

图 8-19 所示为双臂曲柄零件,$\phi 25^{+0.01}_{\ 0}$ mm 孔及端面均已经加工完成,现要求采用组合夹具装夹工件,加工两个 $\phi 10^{+0.03}_{\ 0}$ mm 的孔。

8 其他机床夹具

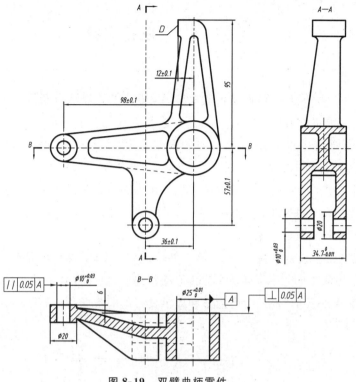

图 8-19 双臂曲柄零件

按照定位基准与工序基准重合的原则,选取$\phi 25^{+0.01}_{\ 0}$ mm 孔及端面、端面 D 作为定位基面,实现完全定位。考虑到工件的结构尺寸、两块钻模板的安装位置,选用 240 mm×120 mm×60 mm 的长方形基础板,配合方形支承、圆形定位盘、定位销、钻模板及各类紧固件完成组合夹具的安装,如图 8-20 所示,通过调整定位件之间的相对位置来实现两孔的加工要求。

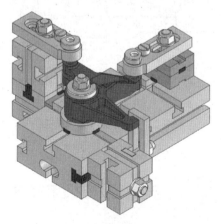

图 8-20 双臂曲柄钻孔组合夹具

8.3 随行夹具

随行夹具除了完成对工件的定位和夹紧外,还带着工件沿自动线运送,以便通过自动线上各台机床完成工件所规定的加工工艺。这类夹具主要用于形状不太规则且又无良好的定位基准面和输送基准面,或虽有良好的输送基准面但材质较软的工件。

图 8-21 为随行夹具在固定夹具中定位时的工作简图。随行夹具 4 由输送带 5 送入工件的固定夹具 7 中。固定夹具 7 将输送支承 6 作为随行夹具的定位基准面,并设置伸缩式定位销 1,以便于在工件输送时刻缩回输送支承基准面内。夹紧液压缸 9 通过杠杆 8 带动钩形压板 2,对随行夹具进行装夹。

这类夹具在结构设计上应注意:在沿工件输送方向上,其结构应是敞开的,其定位夹紧机构的动作应全部自动化并与自动线的其他动作连锁,以保证各个动作过程的可靠性及安全性,同时应采取必要的防屑、排屑措施和提供良好的润滑条件,以保证各个运动部件的动作灵活、准确、可靠。

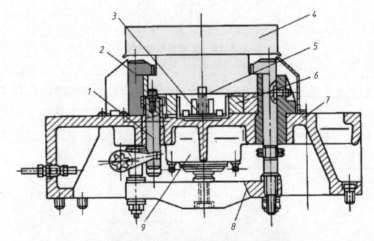

1—定位销;2—钩形压板;3—支承辊;4—随行夹具;5—输送带;6—输送支承;
7—固定夹具;8—杠杆;9—夹紧液压缸。

图 8-21 随行夹具工作简图

8.4 数控机床夹具

数控机床夹具主要包括柔性制造系统(FMS)、加工中心(MC)和数控机床(CNC)等所使用的夹具。数控机床夹具长期固定在数控机床工作台上,如图 8-22 所示,在板上加工出孔心距位置准确的一组定位孔和一组紧固螺孔(也有定位孔与螺孔同轴布置形式),它们呈网格分布。网格状基础板预先调整好相对数控机床的坐标位置,利用基础板上的定位孔可以安装各种夹具。

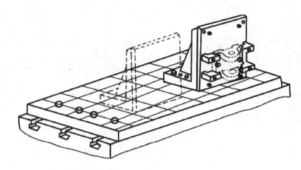

图 8-22　角铁支架式数控机床夹具

数控机床夹具的设计主要有如下特点:
① 数控机床夹具常采用网格状的固定基础板。
② 网格状基础板应先调整好相对数控机床的坐标位置。
③ 利用基础板上的定位孔可组装各种夹具。
④ 结合通用可调夹具和组合夹具的特点,并有进一步的发展。

数控机床夹具主要有如下设计要求:
① 优先采用动力夹紧装置,使装夹快速省力。
② 可以采用通用可调夹具、成组夹具等,体现夹具结构设计的柔性化。
③ 以多功能、系列化夹具结构代替单一功能夹具元件,使夹具可以实现重复利用。
④ 在夹具上设置编程零点,以满足数控机床编程要求。
⑤ 夹具和夹具元件应具有较高的精度和刚度。
⑥ 刀具在运动时,应防止刀具与夹具发生碰撞。

练　习

1. 现代机床夹具的要求有哪些?
2. 阐述通用可调夹具与成组夹具的区别。
3. 阐述组合夹具的组成元件及其各个部分的作用。
4. 阐述如图 8-23 所示夹具的工作特点。

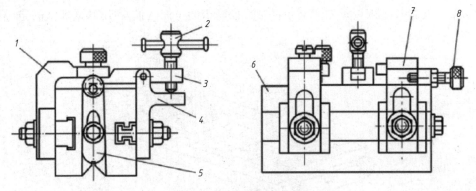

图 8-23 轴类零件钻孔夹具

附 录

附录 1　定位支承符号

定位支承类型	符号			
	独立定位		联合定位	
	标注在视图轮廓线上	标注在视图正面	标注在视图轮廓线上	标注在视图正面
固定式	▲	⊙	▲▲	⊙⊙
活动式	▲	◎	▲▲	◎◎

注：视图正面是指观察者面对的投影面。

附录 2　辅助支承符号

独立支承		联合支承	
标注在视图轮廓线上	标注在视图正面	标注在视图轮廓线上	标注在视图正面
▲	◎	▲▲	◎◎

附录 3　夹紧符号

夹紧动力源类型	符号			
	独立夹紧		联合夹紧	
	标注在视图轮廓线上	标注在视图正面	标注在视图轮廓线上	标注在视图正面
手动夹紧	↓	↳	↡↡	↡↡
液压夹紧	Y↓	Y↳	Y↡↡	Y↡↡
气动夹紧	Q↓	Q↳	Q↡↡	Q↡↡
电磁夹紧	D↓	D↳	D↡↡	D↡↡

附录4 固定式定位销的规格尺寸

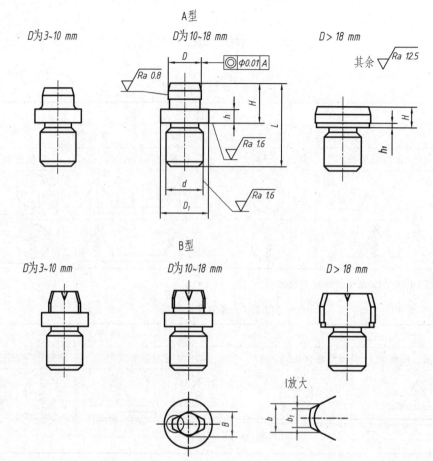

单位：mm

D	H	d 基本尺寸	d 极限偏差 r6	D_1	L	h	h_1	B	b	b_1
3~6	8	6	+0.023 +0.015	12	16	3		D−0.5	2	1
	14				22	7				
6~8	10	8	+0.028 +0.019	14	20	3		D−1	3	2
	18				28	7				
8~10	12	10		16	24	4	—			
	22				34	8				
10~14	14	12	+0.034 +0.023	18	26	4		D−2	4	3
	24				36	9				
14~18	16	15		22	30	5				
	26				40	10				

续表

D	H	d 基本尺寸	d 极限偏差 r6	D_1	L	h	h_1	B	b	b_1
18~20	12	12	+0.034 +0.023	—	26	—	1	D−2	4	3
	18				32					
	28				42					
20~24	14	15			30		2	D−3	5	
	22				38					
	32				48					
24~30	16				36			D−4		
	25				45					
	34				54					
30~40	18	18	+0.041 +0.028		42		3	D−5	6	4
	30				54					
	38				62					
40~50	20	22			50				8	5
	35				65					
	45				75					

注：D 的公差带按设计要求决定。

附录5 支承钉的规格尺寸

标记示例：

$D=16$ mm、$H=8$ mm 的 A 型支承钉：支承钉 A16×8 JB/T 8029.2—1999

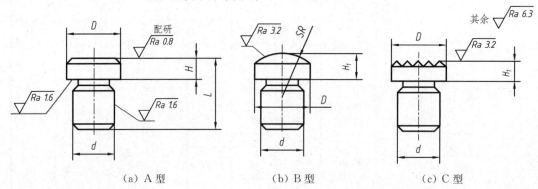

(a) A 型 (b) B 型 (c) C 型

单位：mm

D	H	H_1		L	d		SR	t
		基本尺寸	极限偏差 h11		基本尺寸	极限偏差 r6		
5	2	2	0 −0.060	6	3	+0.016 +0.010	5	1
	5	5	0 −0.075	9				
6	3	3	0 −0.075	8	4	+0.023 +0.015	6	1
	6	6		11				
8	4	4		12	6		8	
	8	8	0 −0.090	16				
12	6	6	0 −0.075		8	+0.028 +0.019	12	1.2
	12	12	0 −0.110	22				
16	8	8	0 −0.090	20	10		16	
	16	16	0 −0.110	28				1.5
20	10	10	0 −0.090	25	12	+0.034 +0.023	20	
	20	20	0 −0.130	35				
25	12	12	0 −0.110	32	16		25	
	25	25	0 −0.130	45				
30	16	16	0 −0.110	42	20	+0.041 +0.028	30	2
	30	30	0 −0.130	55				
40	20	20		50	24		40	
	40	40	0 −0.160	70				

附录6 六角头支承的规格尺寸

标记示例：

d＝M10、L＝25 mm 的六角头支承：支承 M10×25　JB/T 8026.1—1999

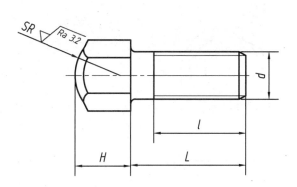
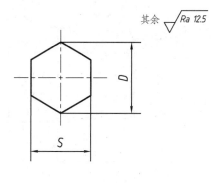

其余 $\sqrt{Ra\ 12.5}$

单位：mm

d		M5	M6	M8	M10	M12	M16	M20	M24	M30	M36
D≈		8.63	10.89	12.7	14.2	17.59	23.35	31.2	37.29	47.3	57.7
H		6	8	10	12	14	16	20	24	30	36
SR		5						12			
S	基本尺寸	8	10	11	13	17	21	27	34	41	50
	极限偏差	0 −0.220	0 −0.220	0 −0.270	0 −0.270	0 −0.270	0 −0.330	0 −0.330	0 −0.620	0 −0.620	0 −0.620
L		l									
15		12	12								
20		15	15	15							
25		20	20	20	20						
30			25	25	25	25					
35			30	30	30	30					
40				35	35	35	35	30			
45									30		
50				40	40	40	35	35			
60					45	45	40	40	35		
70						50	50	50	45	45	
80						60		55	50		
90							60	60		50	
100								70	70	60	
120								80	70	60	
140										100	90
160											100

附录7 带肩六角螺母的规格尺寸

标记示例：

d＝M16 带肩六角螺母：螺母 M16　JB/T 8004.1—1999

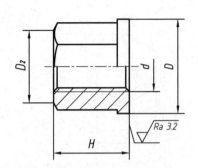
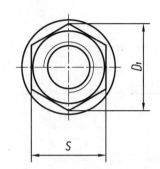

单位：mm

d		D	H	S		$D_1 \approx$	$D_2 \approx$
普通螺纹	细牙螺纹			基本尺寸	极限偏差		
M5	—	10	8	8	0 −0.220	9.2	7.5
M6	—	12.5	10	10		11.5	9.5
M8	M8×1	17	12	13	0 −0.270	14.2	13.5
M10	M10×1	21	16	16		17.59	16.5
M12	M12×1.25	24	20	18		19.85	17
M16	M16×1.5	30	25	24	0 −0.330	27.7	23
M20	M20×1.5	37	32	30		34.6	29
M24	M24×1.5	44	38	36	0 −0.620	41.6	34
M30	M30×1.5	56	48	46		53.1	44
M36	M36×1.5	66	55	55	0 −0.740	63.5	53
M42	M42×1.5	78	65	65		75	62
M48	M48×1.5	92	75	75		86.5	72

附录8 快换垫圈的规格尺寸

标记示例:

公称直径＝6 mm、D＝30 mm 的 A 型快换垫圈:垫圈 A6×30 JB/T 8008.5—1999

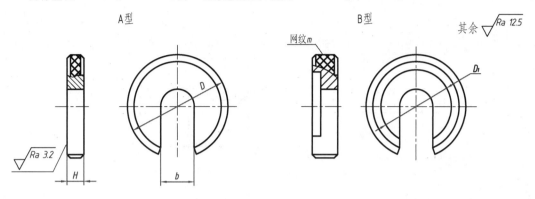

单位:mm

公称直径(螺纹直径)	5	6	8	10	12	16	20	24	30	36
b	6	7	9	11	13	17	21	25	31	37
D_1	13	15	19	23	26	32	42	50	60	72
m	0.3					0.4				
D	H									
16	4									
20	4	5								
25	4	5	6							
30		5	6	7						
35		6	6	7	8					
40			7	8	8					
50				8	10					
60					10	10				
70					10	10	12			
80						12	12	14		
90						12	12	14	16	
100							14	16	16	—
110								14	16	16
120									16	—
130									18	18
140										20
160										

245

附录 9　固定钻套的规格尺寸

标记示例：

$d=18$ mm、$H=16$ mm 的 A 型固定钻套：钻套 A18×16　JB/T 8045.1—1999

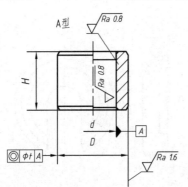
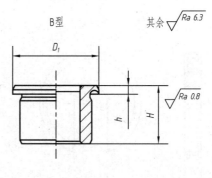

单位：mm

d		D		D_1	H			t
基本尺寸	极限偏差 F7	基本尺寸	极限偏差 D6					
0～1	+0.016 +0.006	3	+0.010 +0.004	6				
1～1.8		4		7	6	9	—	
1.8～2.6		5	+0.016 +0.008	8				
2.6～3		6		9				
3～3.3	+0.022 +0.010	7		10	8	12	16	0.008
3.3～4		8	+0.019 +0.010	11				
4～5								
5～6		10		13				
6～8	+0.028 +0.013	12		15	10	16	20	
8～10		15	+0.023 +0.012	18				
10～12		18		22	12	20	25	
12～15	+0.034 +0.016	22		26				
15～18		26	+0.028 +0.015	30	16	28	36	
18～22		30		34				
22～26	+0.041 +0.020	35		39	20	36	45	0.012
26～30		42	+0.033 +0.017	46				
30～35		48		52	25	45	56	
35～42	+0.050 +0.025	55		59				
42～48		62		66	30	56	67	
48～50			+0.039 +0.020	74				
50～55		70						
55～62		78		82				
62～70	+0.060 +0.030	85		90	35	67	78	0.040
70～78		95		100				
78～80			+0.045 +0.023		40	78	105	
80～85	+0.071 +0.036	105		110				

附录 10 可换钻套的规格尺寸

标记示例：

$d=12$ mm、公差带为 F7，$D=18$ mm、公差带为 k6，$H=16$ mm 的可换钻套：钻套 12F7×18k6×16 JB/T 8045.2—1999

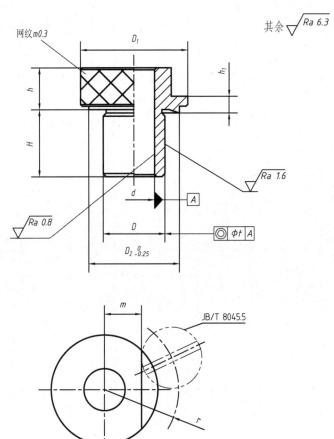

单位：mm

d		D			D_1 滚花前	D_2	H	h	h_1	r	m	t	配用螺钉 JB/T 8045.5
基本尺寸	极限偏差 F7	基本尺寸	极限偏差 m6	极限偏差 k6									
0～3	+0.016 +0.006	8	+0.015 +0.006	+0.010 +0.001	15	12	10	16	—	8	3	11.5	4.2	M5
3～4	+0.022 +0.010													
4～6		10			18	15	12	20	25			13	5.5	
6～8	+0.028 +0.013	12			22	18						16	7	0.008	M6
8～10		15	+0.018 +0.007	+0.012 +0.001	26	22	16	28	36	10	4	18	9		
10～12		18			30	26						20	11		
12～15	+0.034 +0.016	22			34	30	20	36	45			23.5	12		
15～18		26	+0.021 +0.008	+0.016 +0.002	39	35						26	14.5		
18～22		30			46	42	25	45	56	12	5.5	29.5	18		M8
22～26	+0.041 +0.020	35			52	46						32.5	21		
26～30		42	+0.025 +0.009	+0.018 +0.002	59	53						36	24.5		
30～35		48			66	60	30	56	67			41	27	0.012	
35～42	+0.050 +0.025	55			74	68						45	31		
42～48		62			82	76						49	35		
48～50		70	+0.030 +0.011	+0.021 +0.002	90	84	35	67	78	16	7	53	39		M10
50～55															
55～62		78			100	94	40	78	105			58	44		
62～70	+0.060 +0.030	85			110	104						63	49	0.040	
70～78		95	+0.035 +0.013	+0.025 +0.003	120	114						68	54		
78～80		105			130	124	45	89	112			73	59		
80～85	+0.071 +0.036														

附录 11　快换钻套的规格尺寸

标记示例：

$d=12$ mm、公差带为 F7，$D=18$ mm、公差带为 k6，$H=16$ mm 的快换钻套：钻套 12F7×18k6×16 JB/T 8045.3—1999

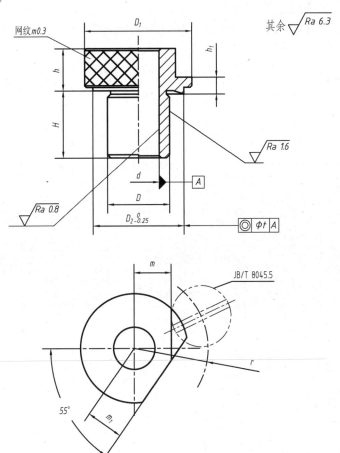

单位：mm

d		D			D_1 滚花前	D_2	H	h	h_1	r	m	m_1	α	t	配用螺钉 JB/T 8045.5
基本尺寸	极限偏差 F7	基本尺寸	极限偏差 m6	极限偏差 h6											
0～3	+0.016 +0.006	8	+0.015 +0.006	+0.010 +0.001	15	12	10	16	—	11.5	4.2	4.2	50°	0.008	M5
3～4	+0.022 +0.010							8	3						
4～6		10			18	15				13	6.5	5.5			
6～8	+0.028 +0.013	12			22	18	12	20	25	16	7	7			M6
8～10		15	+0.018 +0.007	+0.012 +0.001	26	22	16	28	36	18	9	9			
10～12		18			30	26				20	11	11			
12～15	+0.034 +0.016	22			34	30	20	36	45	23.5	12	12	55°		
15～18		26	+0.021 +0.008	+0.016 +0.002	39	35				26	14.5	14.5			
18～22		30			46	42	25	45	56	29.5	18	18			M8
22～26	+0.041 +0.020	35			52	46				32.5	21	21			
26～30		42	+0.025 +0.009	+0.018 +0.002	59	53				36	24.5	25		0.012	
30～35		48			66	60	30	56	67	41	27	28	65°		
35～42	+0.050 +0.025	55			74	68				45	31	32			
42～48		62	+0.030 +0.011	+0.021 +0.002	82	76	35	67	78	49	35	36			M10
48～50		70			90	84				53	39	40	70°		
50～55	+0.060 +0.030	78			100	94				58	44	45		0.040	
55～62		85			110	104	40	78	105	63	49	50			
62～70		95	+0.035 +0.013	+0.025 +0.003	120	104				68	54	55			
70～78							45	89	112				75°		
78～80	+0.071 +0.036	105			130	104				73	59	60			
80～85															

注：当作铰（扩）套使用时，d 的公差带推荐如下：采用 GB/T 1132—1984 铰刀，铰 H7 孔时取 F7，铰 H9 孔时取 E7。铰（扩）其他精度孔时，公差带由设计选定。

附录 12　钻套用衬套的规格尺寸

标记示例：

$d=18$ mm、$H=28$ mm 的 A 型钻套用衬套：衬套 A18×28　JB/T 8045.4—1999

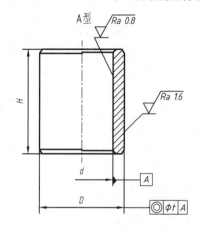
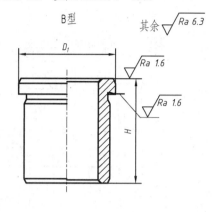

单位：mm

d		D		D_1	H			t
基本尺寸	极限偏差 F7	基本尺寸	极限偏差 n6					
8	+0.028 +0.013	12	+0.023 +0.012	15	10	16	—	
10		15		18	12	20	25	0.008
12		18		22				
(15)	+0.034 +0.016	22		26	16	28	36	
18		26	+0.028 +0.015	30				
22		30		34	20	36	45	
(26)	+0.041 +0.020	35		39				
30		42	+0.033 +0.017	46	25	45	56	0.012
35		48		52				
(42)	+0.050 +0.025	55		59				
(48)		62	+0.039 +0.020	66	30	56	67	
55		70		74				
62	+0.060 +0.030	78		82	35	67	78	
70		85		90				
78		95	+0.045 +0.023	100	40	78	105	0.040
(85)		105		110				
95	+0.071 +0.036	115		120	45	89	112	
105		125	+0.052 +0.027	130				

附录13 直角对刀块的规格尺寸

标记示例：

直角对刀块：对刀块 JB/T 8031.3—1999

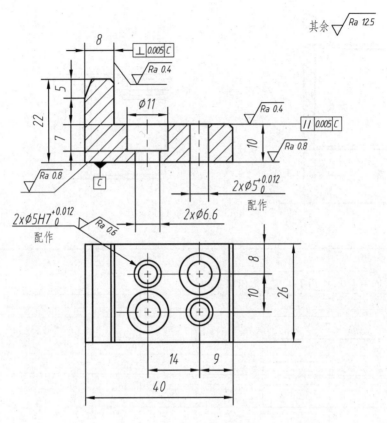

附录 14 侧装对刀块的规格尺寸

标记示例：

侧装对刀块：对刀块　JB/T 8031.4—1999

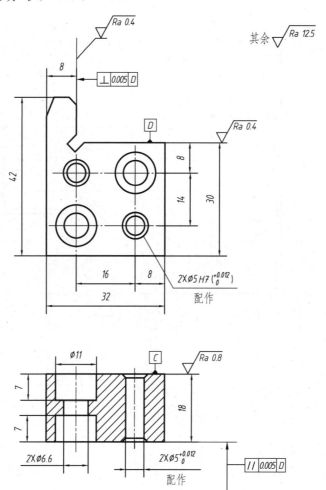

附录 15 定位键的规格尺寸

标记示例：

$B=18$ mm、公差带为 h6 的 A 型定位键：定位键 A18h6 JB/T 8016—1999

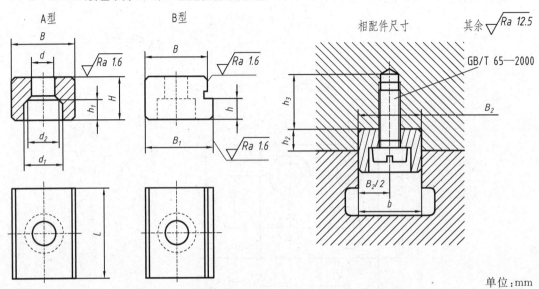

单位：mm

B 基本尺寸	B 极限偏差 h6	B 极限偏差 h8	B_1	L	H	h	h_1	d	d_1	d_2	T形槽宽度 b	B_2 基本尺寸	B_2 极限偏差 H7	B_2 极限偏差 Js6	h_2	h_3	螺钉 GB/T 65—2000
8	0 −0.009	0 −0.022	8	14	8	3	3.4	3.4	6		8	8	+0.015 0	±0.004 5	4	8	M3×10
10			10	16			4.6	4.5	8		10	10				8	M4×10
12	0 −0.011	0 −0.027	12	20			5.7	5.5	10	—	12	12	+0.018 0	±0.005 5		10	M5×12
14			14								14	14					
16			16	25	10	4					(16)	16			5		
18			18				6.8	6.6	11		18	18				13	M6×16
20	0 −0.013	0 −0.033	20	32	12	5					(20)	20	+0.021 0	±0.006 5	6		
22			22								22	22					
24			24		14	6	9	9	15		(24)	24			7	15	M8×20
28			28	40	16	7					28	28			8		
36	0 −0.016	0 −0.039	36	50	20	9	13	13.5	20	16	36	36	+0.025 0	±0.008 0	10	18	M12×25
42			42	60	24	10					42	42			12		M12×30
48			48	70	28	12					48	48			14		M12×35
54	0 −0.019	0 −0.046	54	80	32	14	17.5	17.5	26	18	54	54	+0.030 0	±0.009 5	16	22	M16×40

注：1. 尺寸 B_1 留磨量 0.5 mm，按机床 T 形槽宽度配作，公差带为 h6 或 h8。

   2. 括号内尺寸尽量不采用。

附录16 定向键的规格尺寸

标记示例:

$B=24$ mm、$B_1=18$ mm、公差带为 h6 的定向键:定向键 24×18h6 JB/T 8017—1999

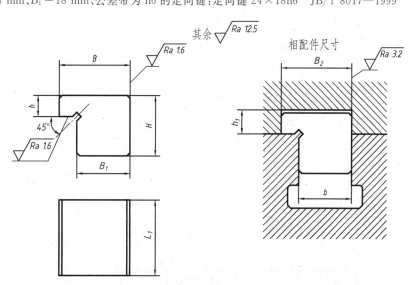

单位:mm

B		B_1	L_1	H	h	相配件			h_1
基本尺寸	极限偏差 h6					T形槽宽度 b	B_2		
							基本尺寸	极限偏差 H7	
18	0 −0.011	8	20	12	4	8	18	+0.018 0	6
		10				10			
		12				12			
		14				14			
24	0 −0.013	16	25	18	5.5	(16)	24	+0.021 0	7
		18				18			
		20				(20)			
28		22	40	22	7	22	28		9
		24				(24)			
36		28				28	36		
48	0 −0.016	36	50	35	10	36	48	+0.025 0	12
		42				42			
60	0 −0.019	48	65	50	12	48	60	+0.030 0	14
		54				54			

附录17 "V"形块的规格尺寸

标记示例：

$N=24$ mm 的"V"形块："V"形块 24 JB/T 8018.1—1999

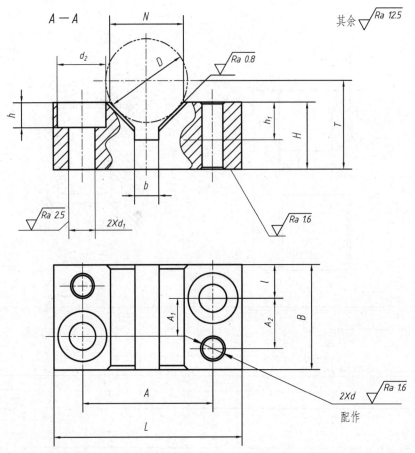

单位：mm

N	D	L	B	H	A	A_1	A_2	b	l	d 基本尺寸 H7	d 极限偏差 H7	d_1	d_2	h	h_1
9	5～10	32	16	10	20	5	7	2	5.5	4		4.5	8	4	5
14	10～15	38	20	12	26	6	9	4	7			5.5	10	5	7
18	15～20	46	25	16	32	9	6	12	6	8	5	+0.012 0	6.6	11	6	9
24	20～25	55		20	40			8				6.6	11	6	11
32	25～35	70	32	25	50	12	15	12	10	6		9	15	8	14
42	35～45	85	40	32	64	16	19	16 12	8			11	18	10	18
55	45～60	100		35	76			20			+0.015 0				22
70	60～80	125	50	42	96	20	25	30 15	10			13.5	20	12	25
85	80～100	140		50	110			40							30

注：尺寸 T 按照公式 $T=H+0.707D-0.5N$ 计算。

附录18 标准公差数值(GB/T 1800.3—1998)

基本尺寸/mm	公差等级																	
	IT1	IT2	IT3	IT4	IT5	IT6	IT7	IT8	IT9	IT10	IT11	IT12	IT13	IT14	IT15	IT16	IT17	IT18
	μm											mm						
0～3	0.8	1.2	2	3	4	6	10	14	25	40	60	0.1	0.14	0.25	0.4	0.6	1	1.4
3～6	1	1.5	2.5	4	5	8	12	18	30	48	75	0.12	0.18	0.3	0.48	0.75	1.2	1.8
6～10	1	1.5	2.5	4	6	9	15	22	36	58	90	0.15	0.22	0.36	0.58	0.9	1.5	2.2
10～18	1.2	2	3	5	8	11	18	27	43	70	110	0.18	0.27	0.43	0.7	1.1	1.8	2.7
18～30	1.5	2.5	4	6	9	13	21	33	52	84	130	0.21	0.33	0.52	0.84	1.3	2.1	3.3
30～50	1.5	2.5	4	7	11	16	25	39	62	100	160	0.25	0.39	0.62	1	1.6	2.5	3.9
50～80	2	3	5	8	13	19	30	46	74	120	190	0.3	0.46	0.74	1.2	1.9	3	4.6
80～120	2.5	4	6	10	15	22	35	54	87	140	220	0.35	0.54	0.87	1.4	2.2	3.5	5.4
120～180	3.5	5	8	12	18	25	40	63	100	160	250	0.4	0.63	1	1.6	2.5	4	6.3
180～250	4.5	7	10	14	20	29	46	72	115	185	290	0.46	0.72	1.15	1.85	2.9	4.6	7.2
250～315	6	8	12	16	23	32	52	81	130	210	320	0.52	0.81	1.3	2.1	3.21	5.2	8.1
315～400	7	9	13	18	25	36	57	89	140	230	360	0.57	0.89	1.4	2.3	3.6	5.7	8.9
400～500	8	10	15	20	27	40	63	97	155	250	400	0.63	0.97	1.55	2.5	4	6.3	9.7
500～630	9	11	16	22	32	44	70	110	175	280	440	0.7	1.1	1.75	2.8	4.4	7	11
630～800	10	13	18	25	36	50	80	125	200	320	500	0.8	1.25	2	3.2	5	8	12.5
800～1 000	11	15	21	28	40	56	90	140	230	360	560	0.9	1.4	2.3	3.6	5.6	9	14
1 000～1 250	13	18	24	33	47	66	105	165	260	420	660	1.05	1.65	2.6	4.2	6.6	10.5	16.5
1 250～1 600	15	21	29	39	55	78	125	195	310	500	780	1.25	1.95	3.1	5	7.8	12.5	19.5
1 600～2 000	18	25	35	46	65	92	150	230	370	600	920	1.5	2.3	3.7	6	9.2	15	23
2 000～2 500	22	30	41	55	78	110	175	280	440	700	1 100	1.75	2.8	4.4	7	11	17.5	28
2 500～3 150	26	36	50	68	96	135	210	330	540	860	1 350	2.1	3.3	5.4	8.6	13.5	21	33

参考文献

[1] 薛源顺.机床夹具设计[M].2版.北京:机械工业出版社,2018.

[2] 柳青松.机床夹具设计与应用[M].2版.北京:化学工业出版社,2014.

[3] 吴静,张旭.机床夹具设计50例[M].北京:中国劳动社会保障出版社,2014.

[4] 李昌年.机床夹具设计与制造[M].2版.北京:机械工业出版社,2012.

[5] 洪惠良.机床夹具[M].5版.北京:中国劳动社会保障出版社,2014.

[6] 洪惠良.现代机床夹具设计[M].5版.北京:化学工业出版社,2011.

[7] 朱耀祥,浦林祥.现代夹具设计手册[M].北京:机械工业出版社,2010.

[8] 吴拓.机械制造工艺与机床夹具课程设计指导[M].4版.北京:机械工业出版社,2019.

[9] 成大先.机械设计手册:第1卷[M].6版.北京:化学工业出版社,2016.

[10] 国家标准局.机床夹具零件及部件[S].北京:技术标准出版社,1983.